What to Expect
When You're Expecting Robots

The Future of
Human-Robot Collaboration

未来机器人
畅想

[美] 劳拉·梅杰　　朱莉·沙阿 著
（Laura Major）　（Julie Shah）

邢艺兰 王慧娟 刘云 译

机械工业出版社
China Machine Press

图书在版编目（CIP）数据

未来机器人畅想／（美）劳拉·梅杰（Laura Major），（美）朱莉·沙阿（Julie Shah）著；邢艺兰，王慧娟，刘云译 . -- 北京：机械工业出版社，2022.1
书名原文：What to Expect When You're Expecting Robots: The Future of Human-Robot Collaboration
ISBN 978-7-111-69562-2

I . ①未… Ⅱ . ①劳… ②朱… ③邢… ④王… ⑤刘… Ⅲ . ①机器人－普及读物
Ⅳ . ① TP242-49

中国版本图书馆 CIP 数据核字（2021）第 229031 号

本书版权登记号：图字 01-2021-1336

未来机器人畅想

出版发行：机械工业出版社（北京市西城区百万庄大街 22 号　邮政编码：100037）
责任编辑：曲　熠
责任校对：马荣敏
印　　刷：北京诚信伟业印刷有限公司
版　　次：2022 年 1 月第 1 版第 1 次印刷
开　　本：147mm×210mm　1/32
印　　张：8.375
书　　号：ISBN 978-7-111-69562-2
定　　价：79.00 元

客服电话：（010）88361066　88379833　68326294　　投稿热线：（010）88379604
华章网站：www.hzbook.com　　　　　　　　　　　　　读者信箱：hzjsj@hzbook.com
版权所有·侵权必究
封底无防伪标均为盗版　　本书法律顾问：北京大成律师事务所　韩光／邹晓东

从好莱坞电影中对遍布机器人的社会的畅想，到扫地机器人帮助我们打扫客厅、Alexa 帮我们购物，以及 Siri、小度等为我们提供建议和协助，机器人已经逐渐走入我们的生活。不过，如果希望机器人帮我们完成更多的工作，甚至成为新的社会成员，还有很长的路要走。从技术上来说，人机协作是一种更具革命性的理念。在本书的设想中，人机协作的方式应该是我们可以像对待人类同伴一样将一项繁重的任务交给机器人，机器人能够理解人类的社会规范，并按照规范来完成任务，即机器人既可以完成任务，还能够融入人类社会，然而实现这种完美的人机协作是一项巨大的挑战。

作为多年来研究机器人、物联网相关技术的科研工作者，见到这本书，首先想了解本书的内容与我们之前接触的相关书籍有何不同。本书并没有将重点放在对机器人技术的介绍上，而是围绕"探索未来工作机器人前所未有的设计挑战如何迫使我们面对技术在社会中的角色"这一中心问题，通过对"如何利用人类和机器人的相对优势""自治系统是否会过于独立而不利于自身的发展""如何为公共场所中由其他系统支配的旁观者制定计划"等问题的思考，从实践层面探讨机器人在社区中应如何处理旁观者这种更偏向哲学层面的问题，特别是这些技术将如何影响不同的社会群体。本书面向所有希望了解机器人的读者，为如何在各个行业和整个社会中实施、部署机器人解决方案提供了参考，是一本不可多得的科普类书籍。

翻译本书是对自己的知识体系的补充，同时，也希望更多相关专业的高校教师、学生及工程师通过阅读这本书而有所收获。

感谢参与本书翻译工作的研究生蒲刚强、魏国晟、黄万方、杨鹏、邹素华。感谢机械工业出版社各位编辑的鼎力协助。限于译者的水平和经验，译文中难免存在不当之处，恳请读者提出宝贵意见。

·· 致　　谢 ··

　　在此感谢我们的编辑埃里克·亨尼（Eric Henney）使本书能够顺利出版。

　　感谢我们的丈夫鲍比（Bobby）和尼尔（Neel）的爱与协助，感谢我们的父母艾普若（April）、丹（Don）、朵拉（Dora）和乔治（George）的爱与鼓舞。

　　感谢我们的导师，尤其是麻省理工学院航空与航天系的导师戴维·明德尔（David Mindell）、约翰·汉斯曼（John Hansman）、劳伦斯·杨（Laurence Young）、汤姆·谢里登（Tom Sheridan）、杰弗里·霍夫曼（Jeffrey Hoffman）、达瓦·纽曼（Dava Newman）、查尔斯·阿曼（Charles Oman）、安迪·刘（Andy Liu）、约瑟夫·萨利赫（Joseph Saleh）和米希·卡米斯（Missy Cummings）。他们在人与自动化的交互方面做了大量开拓性研究，是他们培养了我们。

　　感谢交互式机器人小组的所有研究人员，尤其感谢阿布希纳·布奇巴布（Abhizna Butchibabu）、马修·贡布莱（Matthew Gombolay）、雷蒙多·古铁雷（Reymundo Gutierrez）、布拉德利·海斯（Bradley Hayes）、贝恩·金姆（Been Kim）、约瑟夫·金姆（Joseph Kim）、凯尔·科托威克（Kyle Kotowick）、普莱米斯瓦夫·拉索塔（Przemyslaw Lasota）、李申（Shen Li）、克劳迪娅·佩雷斯·达皮诺（Claudia Pérez D'Arpino）、拉米亚·拉玛克里希南（Ramya Ramakrishnan）、吉安卡洛·斯特拉（Giancarlo Sturla）、迈卡尔·塔克（Mycal Tucker）、杨洁丝（Jessie Yang）和张崇杰（Chongjie Zhang），他们都曾为本书添砖加瓦。

感谢 Draper 实验室信息与认知部门的所有研究人员和工程师，尤其感谢艾米丽·文森特（Emily Vincent）、卡罗琳·哈里奥特（Caroline Harriot）、简娜·施瓦茨（Jana Schwartz）、特洛伊·劳（Troy Lau）、梅根·米切尔（Megan Mitchell）和布伦特·阿普比（Brent Appleby）。对于书中的种种畅想，他们都贡献了自己的智慧。

最后，感谢在过去的三年中与我们共同完善本书的研究生：尼曼·安贾尼（Nyoman Anjani）、雷切尔·卡波斯基（Rachel Cabosky）、菲尔·科特（Phil Cotter）、约书亚·克里默（Joshua Creamer）、莎拉·冈萨雷斯（Sarah Gonzalez）、鲍比·霍顿（Bobby Holden）、李申（Shen Li）、桑德罗·萨尔盖罗（Sandro Salgueiro）、阿卡什·沙阿（Akash Shah）、迈卡尔·塔克（Mycal Tucker）、谢恩·维吉尔（Shane Vigil）、克里斯·福瑞（Chris Fourie）、斯内哈尔库马尔·盖克瓦德（Snehalkumar Gaikwad）、英德拉吉·格雷瓦尔（Inderraj Grewal）、克莱门特·李（Clement Li）、林赛·桑尼曼（Lindsay Sanneman）、凯拉·斯内格罗夫（Kailah Snelgrove）、扎卡里·塔拉斯（Zachary Talus）、鹈饲孝也（Takaya Ukai）和艾莉森·于（Alison Yu）。

劳拉·梅杰（Laura Major） 现为 Motional 公司 CTO，领导自动驾驶汽车的开发。在此之前，她曾在 CyPhy Works 公司和 Draper 实验室工作，领导自动驾驶飞行器的开发。她曾被评为美国女性工程师协会新晋领导者。她住在马萨诸塞州的剑桥。照片由作者本人提供。

朱莉·沙阿（Julie Shah） 现为麻省理工学院航空与航天系副教授，麻省理工学院苏世民计算学院计算社会和伦理责任（SERC）项目副主管，计算机科学和人工智能实验室（CSAIL）交互式机器人研究组主管。她曾获得美国国家科学基金会颁发的早期职业生涯发展（CAREER）奖，并入选《麻省理工科技评论》35 岁以下创新者名单。她在工业人机协作方面的成果入选《麻省理工科技评论》2013 年 10 项突破性技术名单。她住在马萨诸塞州的剑桥。照片由 Dennis Kwan 提供。

·· 目　　录 ··

译者序

致谢

作者简介

引言 …… 1

第 1 章　自动化的入侵 …… 15

第 2 章　没有自力更生的机器人 …… 31

第 3 章　当机器人太过完美时 …… 54

　　　大多数事故不都是人为错误造成的吗？ …… 56
　　　机器人不会越来越聪明吗？ …… 74
　　　老问题和新挑战 …… 76

第 4 章　三体问题 …… 79

　　　不礼貌的机器人，不礼貌的旁观者 …… 87

设计能理解旁观者的机器人 …… **89**

设计让旁观者理解的机器人 …… **93**

缩小差距 …… **99**

三体问题的灾难性代价 …… **103**

第 5 章　机器人不一定要可爱 …… **106**

第 6 章　如何对机器人说"打扰了"？ …… **139**

说同样的语言 …… **142**

机器人思维的逆向工程 …… **152**

当其他模型发生故障时 …… **153**

第 7 章　机器人之间的对话 …… **158**

解放双手——不需要与人协作的机器人 …… **162**

许多人、许多机器人的场景 …… **172**

第 8 章　这座城市是半个机器人 …… **183**

为机器人设计的未来世界 …… **192**

组织世界来帮助机器人 …… **194**

装备世界来帮助机器人 …… **196**

适应智能环境，打造更智能的机器人 …… **198**

克服未来世界的社会熵 …… **199**

第 9 章　培养机器人需要全社会的共同努力 …… **204**

这个期望是现实的吗？ …… **207**

质量胜于数量 …… **216**

一条前进的道路 ······ **220**

展望未来的机器人安全报告系统 ······ **223**

设想为工作机器人建立一片试验场 ······ **225**

未来成果 ······ **227**

结论 ······ **230**

参考文献 ······ **236**

引　言

　　想象一个充满机器人的世界。除了这些机器人是昂贵的新奇产品以外,这个世界与我们今天的世界没有什么不同。机器人不局限于少数的工作,也不需要你告诉它们该做什么。相反,这些机器人有点像伙伴——它们与你合作,就像篮球场上的伙伴彼此合作一样。一个人进行掩护,另一个人就可以轻松移动;一个人将球高高地抛过篮筐,另一个人跳起扣篮。我们称之为人机协作,在未来几十年里,这很可能会彻底改变我们与科技的关系。

　　人们似乎在担心机器人是否有一天会取代我们——它们是否会比它们的人类创造者更聪明、更快、更好?但现实是,机器人和人类可能会一直擅长不同的事情。而且,正如我们打算在这里表明的那样,一些难以解决的社会问题有可能通过我们设想的这种合作得到更好的解决。机器人应用非常广泛,通过人类和人工智能合作的方式,我们可以大幅减少交通事故造成的死亡,并开始解决困扰世界上几乎每个城市的拥堵问题。机器人作为个人的增强系统可以改善日常生活,帮助年老或者体弱的人实现独立生活。机器人护理员可以使急诊室更安全、更高效，缩短等待时间，提高护理水平。机器人还将给我们的日常生活带来无数虽小但有意义的其他改善，作为职场妈妈，我们的工作任务越来越多，因此我们很期待这些变化。

你可能会认为这样的机器人已经存在了。毕竟，你的 Roomba 可以自己打扫客厅。虽然 Roomba 绘制楼层平面图的能力似乎令人印象深刻，但它与其他任何家用电器并没有太大不同，我们目前遇到的大多数机器人都是如此。我们用简单的基于规则的行为限制它们的角色，并通过点击屏幕和其他简单的命令与它们互动。它们对我们了解甚少，而我们对它们的要求也相对较少。工厂里的机器人在笼子里工作。我们在通勤时打开自动巡航控制，但一遇到不熟悉的道路就把它关掉。早上醒来，我们会问 Siri 天气如何，或者让 Alexa 把牛奶加到购物清单上，但最终，我们要自己穿衣服，自己买牛奶。当 Roomba 卡在一簇地毯上或漏掉一些地方时，我们不会太苛刻地批判它——这是一台简单的机器，并且不够聪明。今天大多数机器人的功能都很有限，只能在可控的环境中工作，基本上需要不间断的人类监督。考虑到这些限制，它们的性能已经很不错了。

但是，人机协作是一种更具革命性的理念。新型智能机器人刚刚开始进入我们的城市和工作场所，它们的定义很大程度上取决于它们超越这些限制的方式。在社区里递送包裹的机器人，或者在商店里购物的机器人——我们称之为工作机器人——再也不能仅仅被认为是工具，它们构成了新的社会实体。让我们清楚一点：这些机器人是否有意识或像人类一样智能，这并不是真正的问题所在。事实上，许多工作机器人与有知觉的机器人相去甚远。关于未来的机器人，我们需要了解的是它们将不同于今天的机器人，在整个过程中，它们的角色都将受到社会互动规则的调节。它们会在某一方面变得更人性化：它们是否让我们的生活变得更好或更糟，取决于它们是否知道如何去做。

而且将来还会创造很多这样的机器人。如果我们正在描绘的场景感觉像一个遥远的梦，那是因为我们正在睡觉。当今世界上运行着 170 万个工业机器人[1]，这相当于波士顿、匹兹堡和旧金山人口的总和。在美国，家用机器人大约有 3000 万[2]，这还不包括 Alexa、Siri、智能家居设备、人行道送货机器人、商店机器人、公寓保安机器人和医院服务机器人，它们现在经常出现在我们拜访朋友、办事和购物的时候。很快，你的前院和我们的社区可能会挤满无人机。美国国家航空航天局（National Aeronautics and Space Administration，NASA）、企业家和行业领袖正在加速努力，将我们的天空开放给城市空中机器人——无人机可以运送小包裹，乘客可以在公路交通的上空快速穿越城市。

这是星期二的早晨。你走出房子，走向你停在街上的车。与此同时，一个快递机器人正沿着人行道快速前行，试图在一天的发货截止日期前及时投递包裹。它发现你是附近的一个障碍，于是为了保证安全而停下来，但还是慢了一步——你的脚被它绊了一下，跟跄着向前一倒。这已经不是开始一天的美好方式了。开车去上班时，你停下来等行人过马路，就在你开过去的时候，你看到一个可能带着主人的笔记本电脑和三明治的小助手机器人跟在行人后面。它离地面很低，就像一只小狗——你几乎没有看到它。你猛踩刹车，勉强避开了满载笔记本电脑和三明治的机器人，但你后面的车轻轻地追尾了。在谢天谢地地确认两个保险杠都没有什么损坏后，你重新上路。但当你意识到自己现在正跟在一辆在一个新社区进行测试的自动驾驶汽车后面时，你感到非常沮丧。当你在其后以低于限速的速度"踱步"时，你会感觉时间变慢了，而且不管前方出现的物体是否真的在路上，你都要在 3 米内停下来。到达办公楼的时候，你已经准备好抓狂了，结果却发现一个送货机器人挡在了电梯门口，无法去按下电梯按钮。现在才早上 9 点，四个不同的机器人已经让你的生活变得更加困难，仅仅因为它们不是被设计来理解或关心你的。你不禁想知道这些机器人到底在帮助谁。

怎么制造一个能理解陌生人的机器人呢？实现这一目标的方法不是随意制造"更智能"或"更强大"的机器人，而是重新思考我们对技术的期望是什么。以搜救犬为例，它们不需要太多的指令，可以由人类训导员来引导——用微妙的手势来指示注意力集中的区域，它们通常会自己行动。搜救犬训导员依赖它们，它们也有自己的一套与人互动的社会规范。它们穿的背心提醒人们不要触摸或与它们互动。在具有风险的空间里，它们会被拴上皮带，这样它们的行为可能会受到更严格的控制。它们仍然是狗，但由于它们的角色——以及它们的训导员的角色——都是经过精心设计的，搜救队比狗或人独立完成的任务要多得多。

我们设想的人机协作方式是这样的：人和机器人在彼此周围转来转去，有时单独工作，有时在一起合作。只要一挥手，我们就能把一项繁重的任务交给机器人，有需要的人可能会请多个机器人助手来完成他们自己无法完成的事情。但这是双向的，正如机器人需要理解社会规范一样，它们也将要求我们重新考虑技术在日常生活中的地位。我们必须做出某些改变，无论是作为个人还是作为一个社会，必须将机器人融入我们的世界。这种合作关系需要人类和机器人有新的语言和规范。我们将不得不重新考虑所有基础设施，并且不得不考虑这样一个事实的影响：这些机器人将成为商品，一些人可以得到，而另一些人不能。由于这一切是由少数几家科技公司启动的，我们需要明确行业的道德责任，这是需要深思熟虑的集体行动。这就是本书的目的：找出是什么让机器人具有社会价值和个人价值，然后考虑在这样的社会中，如何才能确保我们制造的机器人具有这些特征。机器人将迫使我们重新思考技术在实践层面的作用，如思考机器人在社区中如何处理它们的旁观者这种问题，特别是技术将如何影响不同的社会群体。科技行业目前正在引领这一变革，但自主机器人的到来会影响我们所有人。要全面拥抱这样的未来，需要全社会的努力。

在过去的几年里，朱莉的丈夫——一名医生——经常把他在医院里遇到的新机器人的照片发给她。有一天，一个新的机器人出现了，一层楼一层楼地给病人送药。一位医生走进电梯，发现其中有一个这样的机器人，上面写着："不要带领机器人进电梯。"医院工作人员不应该与机器人近距离接触或以任何方式与它互动，因为它仍在学习如何在人类环境中安全有效地发挥作用。有时，机器人可能不知道自己在医院里，并会在寻找线索时突然停止或重新启动。当然，这种不可预测的行为在电梯这样的狭小空间里会引起人们的关注。机器人基本上还是一个学生，就像新手司机一样，需要谨慎对待。

当我们看到汽车上的"新手司机"标志时，我们本能地知道如何改变驾驶行为。良好的驾驶行为不仅仅在于手册中包含的规则，还涉及许多非正式规则，驾驶员只能从经验中真正学习。驾驶员知道并遵守这些规则可使驾驶行为（大部分情况下）是可预测的。新手司机还没有这些心理模型，他们的经验不足，也许还有他们的疏忽，使他们有些不可预测，这可能造成不安全的环境。"新手司机"标志意味着该车周围的每位有经验的驾驶员都应该提前预料到意外的发生。

想象一下，如果你每天开车的时候周围都是新手司机，你会感到多么疲惫和压力巨大。现在想象我们生活中的每一天可能都要伴随这样的疲惫和压力甚至危险，你不得不处理与数以百计的机器人共存的问题。它们会出现在道路上、办公楼的走廊里、停车场、餐厅或医院，或者当我们走在街上时，它们可能在头顶嗡嗡地叫着，特别是当我们都遵守空间航行和安全规则，但它们却不理解时，情况会变得更加糟糕。事实是，在不久的将来，机器人还不会像"人"一样，但它们也不会是严格意义上的"工具"——只在我们命令它们的时候移动。它们将是全新的东西，但那会是什么呢？我们相信，未来的社会将越来越多地依靠一种新型的技术关系，即人机协作关系来运行。好处是巨大的，想想看，汽车事故每年在全球造成近125万人死亡[3]，也就是说，每天有超过3000人死于道路交通事故，仅在美国每天就有大约100人死亡[4]。

交通事故是全球第九大死因。然而，2018 年只有 500 人死于商业
航空事故，前一年只有 144 人死亡[5]。这在一定程度上是因为航空
业已经接受了人机协作的理念。在过去的几十年里，航空业重新
定义了飞行员和飞机之间的关系，因此，两者都能弥补对方的缺
陷，天空也更安全了（图 1）。自动化让我们有机会在道路上达到
类似的看似无法实现的安全效果。想象一下世界上每年死于交通
事故的人不到 100 人，随着人与机器人的合作，这样的未来是可
能的。

图 1　飞机技术四个层次的技术创新的事故率：第一代（早期商用飞机）、
　　　第二代（集成度更高的自动飞行）、第三代（玻璃驾驶舱和飞行管
　　　理系统（FMS））和第四代（电传飞行）。来源：*A Statistical Analysis*
　　　of Commercial Aviation Accidents, 1958–2016 (Blagnac Cedex, France:
　　　Airbus, 2017), https://flightsafety.org/wp-content/uploads/2017/07/Airbus-
　　　Commercial-Aviation-Accidents-1958-2016-14Jun17-1.pdf

要达到使航空如此安全和可靠的安全标准并非易事。但是，当我们开始考虑将机器人引入生活，并相信它们不会造成真正的伤害时，某些惨痛的教训却给我们提供了一些警示。毫无疑问，尽管有些独立的机器人做的仅仅是一些可能让人讨厌或给他人带来不便的工作，但有些机器人将有可能伤害他人甚至使人丧命。任何被应用到现代生活的混乱领域的自治系统，如果不仔细考虑它对人类的影响，就可能是危险的。在这本书中，我们将看到，在建立一个新的社会实体时，我们将不得不做出的各种决定。也许我们能提供的最重要的教训是：人类设计了机器人，但人类是不完美的。每次将自动化系统引入驾驶舱——自动驾驶、玻璃驾驶舱和电传飞行——致命事故就会暂时增加。只有在解决了最初的问题之后，我们才能获得效益。无论工程团队如何努力地设计一个新系统，或者评估者和监管者如何严格地测试它，它也永远不可能完美。

经过几十年的努力、实验和改进，工程师已经优化了复杂的人机协作关系，使商业航空运输系统为我们带来福祉。但是，就像为人父母一样，人类与机器的合作也需要付出努力，这不是我们一开始就能期待完美的事情。想想今天飞行员的学习过程，他们仍然需要通过各种培训来熟悉自动化的逻辑和行为，并学习如何依赖自动化。但他们也需要掌握在自动驾驶失灵时如何手动驾驶飞机。飞行员和飞行管理系统之间的伙伴关系是通过这种训练磨炼出来的。自动化系统无法预先设定好与飞行员完美配合的程序，就像一个人无法预先设定好与另一个人过上幸福生活的程序一样。开发自动化系统需要时间、专业知识和投资。但我们能合理投资多少这样的工作机器人呢？将会有许多机器人执行比我们今天想象的更多的任务，它们将尽其所能地出现在我们的日常生活中。在不具备丰富的培训或专有技术的情况下，我们必须尽最大努力与它们合作。航空方面的经验为机器人和人类如何合作提供了深刻的见解，我们将详细讨论其中的许多经验。关键在于人机协作将迫使我们将技术融入社会的新方法概念化。

　　尤其在安全问题上，确定什么是有效的人机协作关系比最初听起来要复杂得多。想象一下，当我们在城市街道上行走时，成群结队的机器人在人行道上疾驰而过的危险。这个问题不仅仅是规模问题，也不仅仅是日常生活中机器人数量的增加，挑战的核心是自动化技术的重要性的转变——从辅助技术到安全关键系统。

　　图 2 说明了我们的想法。在这里，我们试图获取不同应用程序的失败成本和操作所需的培训数量。例如商业飞行这种工业应用是高度复杂的，也就是说没有机器人是不可能安全控制这些系统的。此外，这些系统的操作人员都经过了充分培训，这些培训不仅涉及应用程序的基础（如物理、空气动力学和机电系统），而且包括机器人的使用。这些培训为操作人员提供了必要的知识，使他们在面对困难时也有能力管理系统。工业应用在图中用正方形表示。

　　相比之下，消费品在历史上不构成任何严重的安全风险，而且通常设计为即开即用，无须培训（可能除了阅读说明书）。例如 Siri、Roombas 和 Alexa，这些在图 2 中用菱形表示。

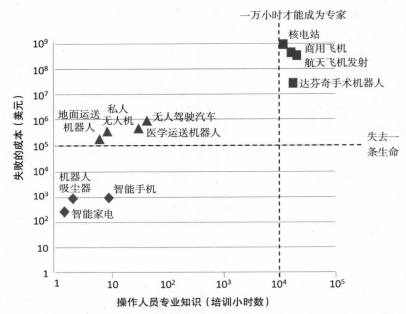

图 2　以培训小时数和故障成本衡量的操作人员专业知识的比较，适用于三
　　　类应用：工业应用（正方形）、商业产品（菱形）和一类新的安全关键商
　　　业产品（三角形）。来源：Laura Major and Caroline Harriott, "Autonomous
　　　Agents in the Wild: Human Interaction Challenges," in *Robotics Research:*
　　　The 18th International Symposium ISRR, ed. Nancy M. Amato, Greg
　　　Hager, Shawna Thomas, and Miguel Torres-Torriti, Springer Proceedings in
　　　Advanced Robotics, vol. 10 (Cham, Switzerland: Springer, 2020)

协作型工作机器人代表一类新型的消费产品，介于传统消费
产品和工业应用之间。它们将机器人技术引入安全至关重要的活
动和区域，例如，街道上的自动驾驶汽车、人行道上的运送无人
机、监视库存或清理商店的机器人，以及医院的药物运送助手。
这样的机器人能否在现实世界中生存，最终决定性的问题是我们能否弄清楚如何与它们互动。我们已经在与消费技术互动了，但现在的互动方式不足以说明未来这些机器人能够做的所有新的、存在潜在危险的事情。当然，它们不可能完全按照驾驶舱或航天器自动化的流程来设计——我们不能让所有人都成为机器人专家，就像飞行员在飞行训练中所做的那样，而且无论如何，日常生活比飞行模式更难预测。正确处理新的混合设计流程将是开启一个令人兴奋和多产的未来的关键。在未来，人类和机器将真正合作来提高生活水平，我们将相互借鉴对方的能力。尽管机器人可能造成巨大的破坏，但犯错绝对不是我们想要的。

　　第二个主要挑战是，这种新型安全关键消费产品的设计需要仔细考虑社会规范，正如飞机的合理设计需要考虑航空运输系统的基础设施和限制一样。飞机有特殊的设备来与空中交通管制和其他飞机通信。在起飞前，飞行路线必须获得批准，飞行员在飞行中修改路线之前必须申请并获得批准。导航解决方案基于监管机构定义的可接受选项，不同的规则适用于不同性能的飞机。有些飞机必须待在低海拔，只在晴朗的日子飞行；还有一些飞机可以在能见度极低的情况下飞行，进入更平稳、更快的轨道，从而减少飞行时间和延误。类似地，工作机器人需要在社会规范下工作，并遵守指导其在各种社会情况下安全使用的规则和条例。我们必须接受这一变化，并考虑如何将机器人作为合作伙伴来设计，要为这些新实体创建必要的基础设施和支持，而不是重新学习我们在最初几十年的航空运输中得到的惨痛教训。换句话说，我们必须开始把机器人理解为社会技术系统。

　　这本书的中心目标是探索未来工作机器人前所未有的设计挑

战如何迫使我们面对技术在社会中的角色这一中心问题：我们可以从机器身上得到什么，它们又可以从我们身上得到什么？这个中心问题将由几个想法构成：如何利用人类和机器人的相对优势？自治系统是否会过于独立而不利于自身的发展？如何为公共场所中由其他系统支配的旁观者制定计划？我们将为人类和机器如何更好地预测彼此的行为提供设计框架和解决方案。作为这种方法的关键，我们引入了自动化功能可见性的概念，即为用户或旁观者提供线索，了解他们如何影响或调整机器人行为的设计特征。除了自然语言能力之外，自动化功能将为机器人和人类在任何情况下进行交流提供一种基本的语言。作为一个社会问题，工作机器人的引入将需要一定程度的透明度和协作，而目前科技行业大多缺乏这种透明度和协作。我们将讨论评估和测试智能机器的新方法，以确保利润动机不会危及公共安全。我们还将讨论将这些挑战仅仅视为技术问题的局限性，以及如何为工作机器人设计社会规范。

虽然我们可以从更广阔的视角——航空航天、工业系统和人类系统工程——学到很多东西，但我们也解决了在其他行业中没有先例的人类与机器人协作的挑战。工作机器人是一种安全至关重要的消费产品，其工作环境的可控性和可预测性都低于其他领域的应用，它们将与那些只接受过很少的培训或根本没有接受过培训的人进行交流，然后才会大批投入应用。

在这个新的环境中，我们使用和利用技术的旧范例很快就会消失。今天，我们觉得操作简单的机器人很容易，因为我们显然是在控制它们。但我们周围的世界正在迅速变化，机器人正在迅速进化：它们不再是我们指挥和查询的工具，而是我们将与之合作的智能伙伴。我们知道这一点，是因为我们在学术界和工业界的工作就是推动人工智能和机器人技术的进步，使这一愿景成为现实。本书作者之一朱莉是麻省理工学院人工智能和机器人研究实验室的负责人，重点研究技术的未来以及对人类思维进行逆向工程以使机器人成为更好的队友的潜力，她在制造业、交通运输和医疗保健领域开创了新型的人机协作模式。本书另一位作者劳拉一直在领导工业界的团队，为我们的天空和道路设计并开发新的自动驾驶系统。她还彻底改变了用于战场的数字助理，并将自动驾驶汽车变为现实。对于这项新事业，私人和公共部门对新型智能机器人技术的投资达到了空前的水平，同时大众对智能城市、智能学校和智能工作环境的愿景也浮出水面。

伴随着这些对未来的展望，许多人对这些新技术在经济、劳动力和社会方面的潜在影响感到非常不安。我们在路上看到保险公司的广告牌，敦促我们为退休做准备，因为机器人就要来了。很多人担心自动化会取代我们的工作，或者担心奇点：由于人工智能的进步，我们将在未来进入一个技术指数增长的时代。

想确保新的智能机器人能完成提高人类福祉的任务肯定需要集体的努力。但这本书的中心论点是：机器人不需要拥有超级智能，不需要统治世界，也不需要有能力替代所有人类劳动力，甚至对人类繁荣构成威胁。如果它们不知道在公共场合如何表现，那么有限的功能就已经足够了。一个知道如何乘坐地铁的机器人可能是革命性的，一个不知道怎样坐地铁的机器人，但又无论如何都要赶上地铁，那么它的破坏性不仅仅是让几个人上班迟到。

对技术的功能性使用和对机器人的整体接受之间存在很大的差别：在人行道上使用一个送货机器人可能是件新鲜事，而在城市里使用数百个这样的机器人则可能是件危险的事情。我们正处在这个阶段转变的悬崖边上，必须开始将对话从恐惧转向解决问题。这些解决方案存在于社会和技术的交叉点上。这就像社会共同抚养一个孩子，使他成为社会的一员，并充分发挥他的潜力，而训练机器人也一样。

第1章

自动化的入侵

自从机器人出现以来，我们不仅想知道它们能做什么，还想知道它们应该做什么。不过，这样的争论似乎有点偏学术性，因为在日常生活中，机器人不知不觉地就开始在我们身边突然冒出来。我们似乎总是在追赶，而没有足够的时间来仔细思考技术以及技术在我们生活中的作用。有一天，自动驾驶汽车似乎就这样出现在道路上。我们越过了技术的临界点，自动驾驶突然变得触手可及，因此，行业、政府和风险投资者纷纷追逐这一热点，我们也被带动着跟随其后。机器人已经开始出现在商店里，它们在过道里上下滑动，寻找溢出物和其他安全隐患。在我们走访的波士顿郊区的车站和商店里，顾客对这一切泰然自若，至少目前如此。但超市员工想知道，这些机器人的角色将以多快的速度扩张。

新技术的出现往往会让人感到突然，甚至大呼神奇。这是因为我们大多数人都没有意识到，多年来，使这些突破成为可能的往往是渐进式的、商业上无趣的技术创新。偶尔，新闻中的一个标题会预示一些新概念的发展，但这些发展很快就会消失在大多数人的生活中。可能需要几十年的时间，相关机器人才能出现，才会把这些技术创新变成有市场的机器。

　　自动驾驶汽车预示着将会出现一批新的智能机器人，它们将在社会上得到应用。这标志着我们在日常生活中第一次有机会与自治系统分享决策权和控制权。梅赛德斯－奔驰早在 20 世纪 80 年代就开发出了第一批自动驾驶汽车，它们可以在没有车辆的街道上以最高 39 英里每小时（约 63 千米每小时）的速度行驶 [1]。然后，在 20 世纪 90 年代和 21 世纪初，美国政府资助了日益强大的用于军事的自动地面车辆的开发，由国防部高级研究计划局（Defense Advanced Research Projects Agency，DARPA）赞助的大挑战项目更是使开发活动达到高潮 [2]。在这些开创性的活动中，汽车的自动驾驶里程超过 100 英里（约 161 千米），包括在城市道路中。大约从 2005 年起，汽车行业开始认真投资，将自动驾驶汽车带入现实。特斯拉在 2015 年首次提出商用自动驾驶仪技术 [3]。在所有这些故事中，似乎只有特斯拉及其同类竞争对手能够吸引公众的注意力。

　　从最初的设想到商业上可行的产品，30 年的时间框架似乎是一个明智的选择。但是关于今天的自动驾驶汽车如何诞生的故事可以追溯到航空和工业领域中更早的历史。航空先驱劳伦斯·斯佩里早在 1912 年就发明了陀螺仪自动驾驶仪 [4]，以保持飞机平稳飞行，但后来又花了几十年时间，在引入电传技术后才实现了自动驾驶仪的全部潜在性能，使得飞行员可通过电子信号而不是直接通过机械耦合到执行器来管理飞机的操纵面。第一架没有机械备用装置的纯电传操纵飞机是 1964 年首飞的阿波罗登月着陆训练车（Apollo Lunar Landing Training Vehicle，LLTV）[5]。F-16 是第一架量产的电传操纵飞机[6]。1982 年引入了一个完全集成的飞行管理系统来控制飞行的所有阶段，这是第一次允许机器在飞行过程中执行从起飞到着陆的全部动作序列[7]。因此，仅仅几年之后我们就看到了第一辆自动驾驶汽车，这也就不足为奇了。

在机器人领域，一个领域的突破会激发另一个领域类似的创新。2014 年，谷歌翼（Google Wing）完成了第一次真实世界的无人机交互，2015 年特斯拉的自动驾驶仪开始上路[8]。概念、传感器、计算机和软件因为不同的应用而各自逐步改进并得以广泛应用，最终汇聚在一起产生了看似突然的技术进步。当你在商店里看到一个机器人时，如果你感到惊讶，并且因为过道中间的小孩在追逐父母而担心机器人不能够安全地通过过道，想一想这里面的技术已经逐步细化了至少 40 年——这一事实可能会让你得到一些安慰。我们是如何达到这样一个阶段的——可以极大地改善生活的工作机器人即将变得无处不在，并且对于我们来说太复杂了，以至于我们无法控制自己，从而导致我们以前所未有的方式依赖这些机器人？

为了更好地理解一项技术进步与下一项技术进步是如何相互联系的，请把我们自己相关的系统作为智能生物来考虑，例如人类的感觉系统、遍布全身的神经网络，以及包括脊髓和大脑的中枢神经系统。每个组成部分的存在本身是不可思议的，但放在一起时，它们是神奇的。任何复杂的系统都需要一个感觉系统，不管它是由机器控制还是由操作员控制。在飞机上，许多仪器包括航向、空速和高度传感器。地面应用的感觉系统——如商店里的机器人或自动驾驶汽车——更侧重于环境成像和识别障碍。其中可能包括摄像头，它能像我们一样观察事物，并在光照和天气条件的配合下表现最佳；也可能包括雷达和激光雷达，它们分别发射无线电和光信号，并根据反射和反射回来的信号探测距离。无线电波被具有导电性的材料（如金属）反射得特别好，这使得无线电波在所有照明和天气条件下都能很好地探测标准的基础设施和物体（如车辆或机器人）。激光雷达用激光照亮一个场景，并测量反射光。它可以在白天和晚上可靠地、高精度地检测物体，但在雾和大雨等恶劣的天气条件下，它的性能就会下降。大多数机器人解决方案都使用多种类型的传感器，并将数据融合到所有需要的场景中，就像我们的眼睛、耳朵、手、鼻子和嘴告诉我们关于世界的不同事情一样。

在人类和其他动物中，中枢神经系统只有在有传感器连接到中央决策节点时才有用。机器的中枢神经系统与之相似：线控飞行或线控驾驶技术很像人类的神经系统通过神经传输电子信号来控制身体。

最后，大脑接受感官输入，形成对世界的理解，并根据这种理解做出决定，然后通过神经系统的其他组成部分实施行动。有些动物的大脑可能很简单，就像第一台 Roomba 一样，它遵循一个基本规则：按螺旋模式清洁，直到撞到墙，然后沿着墙走。在另一些情况下，机器的大脑可能很复杂，比如我们在路上看到的自动驾驶汽车，它们在施工区域和交通堵塞中导航的能力越来越强。

我们首先关注的是航空自动化和工业应用，比如核电站的控制中心，事实证明这些工作任务对人类来说太难可靠地执行。今天，核电站的许多安全程序都是完全自动化的，不需要人工干预。这些系统太复杂，人们无法手动监控或控制，故障的后果也很严重。换句话说，自动化使我们能够重新想象在自然能力达到极限后我们能够做什么。

因为环境受到严格控制，并且可遵循详细的任务程序，所以机器人在航空、发电厂和工厂设置等应用中表现突出。因此，机器人首先进入了那些很少有人能进入的工业世界，或者被安置在宇宙飞船里——这里进入的人更少。在这些孤立的世界里，工程师一步一步地开发机器人的传感器、神经系统和大脑，然后对它们进行测试，从失败中学习，并改进和强化这些新技术。今天，总的来说，复杂的工业应用都是由自动化控制的，只有很少的人工监督。

现在摆在我们面前的问题是如何最有效地利用机器人以使日常生活自动化。目前，汽车制造商、法律学者和工程师正就是否应该在驾驶的各个方面实现自动化，以及如何实现自动化展开激烈的辩论。是人车混合动力车最好，还是应该把人完全排除[9]？事实上，几十年前，当我们设计第一艘月球着陆飞船时，以及当我们为航空运输引入驾驶舱自动化时，我们已经不得不回答这类问题了。如图 3 所示，历史证明，看似很小的设计决策可能会产生几十年的影响，我们将通过一些示例来展示。

阿波罗登月着陆训练车是第一架电传飞机，本质上是第一架有中枢神经系统的飞机。其他的进步带来了阿波罗导航计算机，它是阿波罗指挥舱和阿波罗登月舱的"大脑"。登陆月球当然是一个复杂的问题，这是人类和机器都无法单独完成的。技术上的争论开始于计算机应该拥有多大的权力，宇航员应该拥有多大的权力。

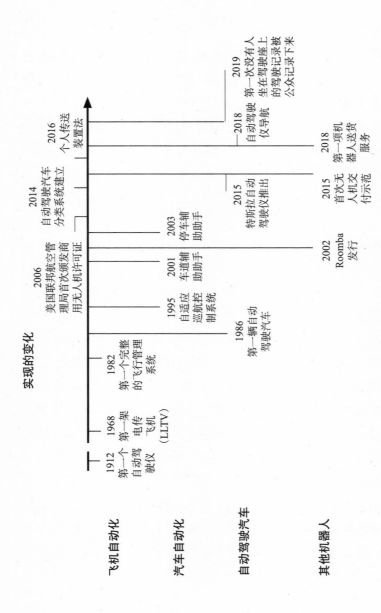

图 3 跨机器人应用的关键变化的实现时间表，描述了跨领域的技术趋势，并导致了工作机器人的出现这一阶段转变

在 20 世纪 60 年代一篇名为《人与仪器在宇宙飞船控制和导航系统中的作用》的开创性论文中，阿波罗导航计算机的设计者思考了这个问题 [10]。他们讨论了在危机时刻或必须做出关键时间决定的时候应该在多大程度上信任计算机。工程师根据如何做出决策描述了三种类型的事件，第一类事件涉及具有预定响应的可预见条件，例如以预定速度自动切断火箭级。工程师说，这些情况很容易实现自动化。对于第二类事件涉及的可预见情况，"由于一般情况的复杂性，行动无法事先规划好，例如降落在月球上的任意地点"。工程师得出结论：第二类事件还不足以完全自动化，但人类的表现可以"通过对性能指标的反馈和仅显示相关信息来提高"。最后，还有第三类事件，即那些设计师或飞行员无法预料的事件。工程师认为，人类"在全新的情况下根据不完整的数据做出决策"的能力远远超过自动化系统。

除了技术的进步——特别是机器学习——已经改变了我们所认为的"一般情况的复杂性"或"一个全新的情况"外，所有这些在今天仍然适用。过去，我们不得不手工为各种情况下的自动化制定决策规则，而如今，机器可以利用数据或演示来学习人类决策标准的近似值——在手工制定的情况下，得到这些值可能过于复杂或耗时。然而，当意外发生时，自动化往往无法实现。2009年，全美航空公司 1549 航班途径加拿大，飞行员在飞机撞上一群大雁并失去引擎动力后，成功地在纽约哈德逊河上迫降，机上所有人都幸免于难，这一事件在后来被称为"哈德逊河上的奇迹"。商业客机的飞行几乎可以完全实现自动化，但一架自动客机能做到这一点吗？用今天的技术也许不太可能。今天没有任何人工系统能够复制人类创造性解决问题的能力。

即使是在自动化盛行的成熟行业，比如航空业，我们仍然在争论驾驶舱自动化应该控制什么，以及飞行员最终应该控制什么。当你登上一架飞机时，你可能不会多想它是空客还是波音。但几十年前，这两家公司选择了截然不同的道路，代表着飞行员和智能自动化应如何合作的不同理念。当自动化系统第一次被引入时，如果你乘坐的是一架空客飞机，那么飞机的系统会控制飞行员，但波音的情况恰恰相反。总的来说，自动化可以控制空客的飞行员，飞行员可以控制波音的自动化。这些方法源于机器人系统设计中的一个基本决定，这个决定涉及硬自动化和软自动化[11]。硬自动化对人为错误有更多的保护，本质上是限制用户做一些会把车辆置于危险的事情。软自动化仍然使用安全约束，但它认为自动化是一种帮助：当用户将要做一些可能危险的事情时，它提供警报，但允许用户继续操作，并在他们选择这样做时解除警报。后者允许更多的创造性的解决方案。换句话说，使用软自动化时，用户总是能够使用车辆的全部功能；而使用硬自动化时，在某些情况下，用户无法使用这些功能。

当然，每种类型的自动化各有利弊。例如，1985 年，台湾中华航空公司的一架波音 747 在四万一千英尺（约十二千米）巡航时发生了引擎故障。它开始了无法控制的俯冲，并骤降了三万多英尺（约九千米）。在软自动化系统的帮助下，飞行员恢复了控制，乘客也几乎没有受伤。分析表明，硬自动化保护系统会禁止飞行员的输入，而正是这种输入使得飞行员成功地重新控制飞机。另一方面，可以这样说，空客飞行控制系统用它强有力的自动化保护来避免飞机进入不受控制的俯冲，因为它可以阻止飞行员使系统进入不稳定状态的行动。总的来说，保持人类飞行员创造性的判断、决策和行动的能力似乎是制胜的策略。一项对 1988 年至 2002 年间与自动化相关的 9 起重大事故的分析发现，空客涉及人 - 自动化协调故障的事故数量是波音的两倍 [12]。

这两种模式在日常生活中都面临着挑战。我们生活的世界充满了第二类和第三类事件，这些事件远远超出了现代机器学习和人工智能系统的管理能力。我们应如何设计这些系统，才能自然地将它们融入不可预知的世界？一个笨拙的机器人可能比没有机器人还要糟糕：往好了说，它可能会成为一个累赘，往坏了说，它可能会产生新的意想不到的安全风险。

自动化的历史跟随着技术史发展而来。自古以来，人们就一直在发明能够不间断地扩展自身能力的工具。例如，在准备饭菜时，我们首先用火做饭，然后用抹布或其他擦洗品帮助清理。后来这些工具变得更加复杂，变成了家用电器，从而使洗碗之类的工作变得更加轻松，或者大大减少了花在做饭上的时间和精力。在某些方面，采购、储存、准备和食用食物的过程变得更容易了；在其他方面，工具变得更加复杂。随着自动化技术和消费类机器人技术的发展，这些任务将变得既简单又复杂。我们面临的挑战是，构建的系统不仅要安全、方便，而且要强大、可靠。

在某种意义上，家用机器人总的来说是花哨的电器，因为它们仍然需要我们的关注。例如，机器割草机可以完成手动割草机的工作，但我们仍然需要把它们移到合适的地方，在院子周围设个栅栏，当它们卡住时把它们放出来，清洁它们，等等。这种类型的机器人将成为早期成功的机器人消费产品之一是有道理的，因为它执行的是范围狭窄且定义明确的任务（也称为第一类任务）。这些新的割草机与工业机器人系统相似，因为它们是为特定的任务和环境编程的。即使是很小的改变也需要人类付出巨大的努力来重新配置这项技术，因为它的程序中包含极其详细和精确的命令，只需简单执行即可，没有自主决策。如今，人们用具体的指令来增强工业机器人的能力。

相比之下，新型机器人将我们运送到城市各处，将食物送到家中，并保护社区安全，这些都是全新的技术。在复杂的人类世界里，这些工作机器人实现了前所未有的自主性操作。航空和太空计划是第一批努力摆脱工业系统模式的技术，其中自动化必须与人类能力模型共同设计，以应对第二类和第三类情况。

好消息是，我们拥有应对这一挑战所需的所有工具。我们已经分别为机器人的感觉系统、神经系统和大脑开发了技术，并且能够在新的应用中将这些技术正确地结合在一起。同样，在过去的几十年里，我们开发并拥有了一套丰富的工具，可以使机器人的能力适应人类的限制，使用起来就像做拼图游戏一样。我们将能够利用不可思议的学习能力去应对未来机器人的挑战，为工作机器人进行必要的调整，以增强人类的能力并改善世界。这些解决方案已经跨越了航空航天工程、人类系统工程和认知科学等领域。

做好这件事并不容易。你甚至可以称之为火箭科学。但正如我们在阿波罗导航计算机上看到的，设计机器人和人之间的合作关系将是自动化在这些应用中取得成功的基础。我们的登月计划是成功的，因为设计的关注点远远超越了底层技术，还包括为了设计系统而做的对人类心理与决策的分析和理解，这些使人与机器人能够在正确的时间以正确的方式进行无缝协作 [13]。

　　图 4 中的这幅漫画是 20 世纪 60 年代的作品，它抓住了当时的思想。美国国家航空航天局需要在自动化和手动控制之间找到合适的平衡。设计者不想让宇航员在降落月球期间承担太多的任务，因为他们可能无法跟上进度，不能充分发挥。但他们也不想让一切都自动化，以免宇航员脱离工作，在需要干预时无法进行干预。

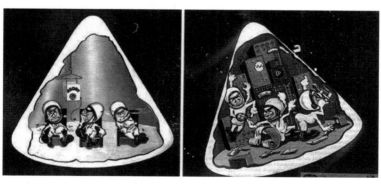

图 4　这幅来自麻省理工学院仪器实验室的漫画展示了自动化的极端影响。
　　　其至在设计阿波罗登月舱的过程中，工程师也在考虑有多少工作需要
　　　自动化，有多少控制需要留给宇航员。如果自动化程度太高，他们担
　　　心宇航员会感到无聊，在需要时无法进行干预；但如果自动化程度不
　　　够，让宇航员手动控制太多事情，他们担心宇航员会不知所措。来源：
　　　美国国家航空航天局

　　我们在工作机器人上也遇到了类似的难题。在第 2 章和第 3 章中，我们将讨论航空航天和工业应用中的来之不易的经验教训，

这些经验使人们对像《杰森一家》(the Jetsons)中的 Rosie 那样独立完成一切工作的机器人的愿景产生了怀疑。这种理想的机器人实际上是不可能实现的，甚至是不可取的。机器人没有和人类一样的能力，他们也不像我们一样思考。这是一种优势，但要了解如何让机器人适应人类，我们首先需要了解人类自身的局限性和优势——包括我们不恰当地信任他人的倾向。用户－机器人伙伴关系必须从一开始就考虑到这一点，以确保这些新的社会实体是有效和负责任的。Rosie 会翻薄饼并不意味着你应该让它一个人做感恩节晚餐。

让事情变得更复杂的是，工作机器人的工作环境比驾驶舱或工厂里的环境呈指数级的复杂。公共场所很复杂，而且经常变化，比如修建了新的道路，关闭了人行道，改变了店面。更重要的是，许多人会接触到一个不知道它在做什么或会干扰到自己的机器人。我们每天都会适应在街上或商店里遇到不认识的人，但这种任务对机器人来说非常具有挑战性。在第 4 章中，我们将讨论如何使机器人具有最基本的旁观者意识，并在移动时适应这种状况。

当然，设计月球着陆器与设计消费品是完全不同的。后者的设计过程中将会有非专业的用户参与，而不是训练有素的宇航员，而且必须有一个积极的商业模式。事实上，正如我们将在第 5 章中看到的，当今的商业世界还不能很好地引导机器人走向社会。公司设计产品的方式以及消费者想要从它们那里得到什么，与自主的社会系统的设计方式是不一致的。工作机器人通常能够执行特定的任务，很少或不会与人互动，而消费品的设计本质上是为了取悦和娱乐用户。此外，我们很少或根本没有关注产品设计如何影响用户有效执行其他任务的能力。Facebook 在乎对你的工作效率的影响吗？像社交媒体平台这样的消费品的设计初衷就是为了好玩，但这往往是以牺牲生产效率、透明度和活力为代价的。它们能够承担这种取舍，因为我们与它们互动的风险相当低。如果 Twitter 瘫痪，没人会受伤。相比之下，工作机器人则是让我们把那些自己不想做或无法安全地完成而又必须完成的任务交给它们。如果这些机器人不能很好地工作，或者在错误的时间分散我们的注意力，则可能产生重大后果。设计模型必须改变为专注于确保机器人任务成功执行的最好的方法。

事实上，研究表明，用户的偏好往往与最佳性能甚至是安全操作的设计直接冲突。用户往往喜欢那些对手头的任务没有多大帮助的系统，换句话说，取悦用户的特性通常不是为了获得最佳性能结果而优化的[14]。对于工作机器人，这意味它可能在用户不希望被打扰时需要用户的干预，而在用户想干预它的活动时，它却不需要。简单地说，取悦用户的工作机器人实际上可能表现得并不好。这一点现在比过去更加重要，因为与过去的任何消费产品相比，工作机器人的风险更高。机器人是功能强大的机器，但如果做不到有效的安全和管理，它们也会对社会构成风险。

我们的世界是复杂而动态的，而我们与生俱来的创造力和判断力，即使是最先进的机器人也难以企及。机器人的大脑仍然很简单，它们完全按照指令、程序或训练的方式行事。我们成功地将工作机器人融入日常生活的唯一机会是接受这一事实，重新规划消费产品设计理念，专注于在机器人和人之间建立正确的合作关系。

　　要想成功实现工作机器人，就需要一种新的语言和方法来让它们与人类彼此交流。在第 6 章中，我们将概述自动化功能的必要性，这样当你与一个工作机器人接触时，就知道该做什么或说什么来影响这个机器人，而不需要特殊的培训或专业知识。这些自动化功能必须足够清晰，以便用户能够快速理解如何以及何时采取行动，因为机器人可能会造成只有人类才能避免的安全风险。在第 7 章中，我们将描述机器人之间的沟通需求，以解决直接冲突、协调活动、分享关于世界的知识，这可能会让所有机器人都有更好的机会获得成功，类似于我们今天使用的众包地图产品。这些地图产品帮助我们在城市中导航，避免交通堵塞，但它们对机器人更重要，因为机器人的感觉系统更弱，在应对突发事件时不像人类那么灵活。

　　使用新型工作机器人的用户不仅不是专家，而且他们所处的环境也很混乱。如果我们想让机器人承担像送披萨这样的任务，就不能只是简单地给它们留出空间。在第 8 章中，我们将讨论工作机器人在日常生活中的环境设计，从机器人的角度来看，这是不受控制和不一致的。想想在城市街道上保持在车道线以内的简单问题。施工项目、天气和正常的路面磨损都有可能破坏清晰的车道标识，人们非常善于适应这些变化，并且当依赖的结构退化时，他们会格外警惕。但机器人还不能驾驭这种模棱两可的情况，即使是物理环境的微小变化也会让机器人迷失方向——这使得安全机器人的设计在规模上非常具有挑战性，甚至是不可能完成的。如果我们不能依靠一致的车道线，那么机器人设计师就必须想出一种不同的方法来决定如何停留在车道内。为了解决这个问题，自动驾驶社区开发了非常精确的地图，以厘米为单位为行驶的每条道路绘制地图，然后结合非常精确的定位解决方案，能够非常准确地知道机器人在地图上的位置。这种方法需要高端传感器。所有这些都是昂贵的，即使这样，一些漏洞仍然存在。即使是最精致的机器也无法解决这个问题——相反，这需要借助经济和政治手段来改变私人和公共基础设施。

如果我们能够接受这一现实，并开始以一种新的方式设计工作机器人，那么我们就有机会用新型动态设备来改善日常生活。这些新设备将离开我们的工作台，走出我们的家门，开始帮助我们完成各种任务，在这个过程中，它们将获取和使用以前不可能获取的数据。

随着工作机器人规模的扩大，这些数据将变得更广泛，我们将有机会收集和分享这些数据，以提高不同公司的机器人的表现。在第 9 章中，我们将描述这种数据共享如何在航空领域发挥作用，以及如何将航空经验应用到机器人领域。例如，在航空领域有一个事故数据库，它匿名地收集航空公司、客机和飞行员的未遂事故和事故数据。这个数据库为空中自动化的安全和漏洞方面提供了大量知识基础。对于工作机器人来说，数据收集和共享甚至更为重要，因为它们是基于大量数据开发和训练的。虽然企业可能更愿意通过囤积数据来保持竞争优势，但如果我们能够打开这些宝藏，让每个人都可以使用，社会将获益更多。

我们希望这本书能帮助整个社会重新思考如何设计工作机器人，让它们成为有责任感的社会实体，这样我们就能对世界做出调整以适应这些新实体。工作机器人有独特的需求，这也给我们提出了新的挑战。我们推荐的一些解决方案可以开启关于技术和社会之间关键交叉点的对话，这样我们就能认识到工作机器人会在未来的日常生活中帮助我们。现在是我们利用开发的有效工具完成下一次飞跃的时候了。如果我们选择接受这个任务，我们将为工作机器人做好准备。

第 2 章

没有自力更生的机器人

黄昏时分，你沿着山路开车下班回家，外面刮着风。你昨晚没睡好，而且头疼，所以你打开先进的驾驶辅助系统寻求帮助。汽车现在是自动驾驶的，保持在车道上，并与其他车辆保持安全距离。你松了一口气，开始放松下来。

在转弯时，前灯发出的光表明另一辆车即将转弯向你驶来。突然，"叮"的一声，车开始转向并驶出车道。你猛然抓住方向盘，把车转回正确的车道。如果不这样做，你就会跌进沟里。发生了什么事？为什么驾驶辅助系统要帮助你关闭自动功能？如果在那一刻，你把目光移开，也许是盯着手机，会怎样？你一想到就不寒而栗。第二天，你向汽车公司提交投诉，最终一个软件补丁将被推出到你的模型中。这是个"极端案例"，在制造商的模拟和测试过程中，这是没有预料到的似乎不太可能发生的情况——你的车不知道它所感应到的是什么，所以它把控制权还给了你。工程师认为，在极端情况下，人类比机器人更清楚该怎么做。

当我们想象未来时，我们喜欢想象机器人能够完全接管日常任务。工程师试图设计出能够尽可能减少各种故障的机器人。如图 5 所示，在现代智能系统中内置了几层防止故障的保护措施。但要制造安全、强大的工作机器人，第一步是要认识到完全自力更生的机器人是一个幻想。失败是生活的一部分，不仅对人类如此，对机器人也是如此，再多的计划和测试都无法改变这一点。期望能够识别或解释日常生活中可能出现的所有错误情况是不合理的，人类世界实在是太复杂了，难以预测。

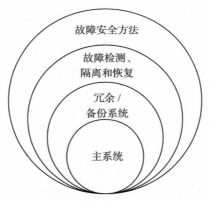

图 5　传统上，自动化系统通过层层保护来减轻和克服已知错误，如通过冗余来减轻主系统的机电故障，发现错误时启动故障检测隔离和恢复，采用故障安全方法来保证人类的安全——即使面临灾难性的系统故障

　　即使机器人的软件不会出错，它的硬件在某种程度上也会受损。因此，试图使工作机器人真正做到自力更生既不可行也不负责任，特别是在它们将负责至关重要的安全任务的情况下。就像人类在一起工作时效果最好一样，机器人首先需要被设计成好伙伴：对于与它们一起工作的人、与它们接触的人以及它们所在的

社会而言都是好伙伴。做一个好伙伴和了解自己的局限性以及知道如何规划这些局限性一样重要。过去的设计方法并未充分发挥人机协作伙伴关系的全部潜力，以致机器人在遇到意料之外的故障或遇到罕见故障时很难向用户提供帮助。

机器人会在很多方面出现故障：物理组件可能会断裂，传感器可能会失灵，可能会停电，系统可能会遇到不可预见和计划外的情况。一些机器人系统——比如自动驾驶汽车——使用的软件太过复杂，很难从数学上列举出我们需要事先验证的所有情况，以确保该系统能够正确运行[1]。我们人类的世界是复杂且不可思议的。假设人行道上的送货机器人正在穿过城镇中心，它可能会向前倾，表明它想在你周围走动，但这种咄咄逼人的姿态对于推着婴儿车的父母来说可能是不可接受的。如果一群父母推着婴儿车走在人行道上全神贯注地交谈，或者有几个人低着头看手机呢？如果下雨的时候，机器人为了避开水坑而无法为行人让路，但是人们又想快速挤过去避雨呢？或者当两只小狗打闹着穿过小路，把狗绳缠在了机器人身上，而狗主人则围着机器人手忙脚乱，试图解开它呢？

如果机器人的程序只有 5 个条件决策点，比如检查并回应之前的 5 个情景，并且必须不断收集 20 个数据点来识别当前情况和在遍历过程中的响应，这样程序代码中将有 10^{14} 条可能的路径。如果设计者测试其中一条路径的时间是 1 毫秒，那么完全测试程序就需要 3000 多年。这只是一个机器人在一个特定的位置做一项工作。协作机器人的潜力在于机器在各种环境下成功工作的能力。穷尽性的测试是不可能的，所以我们必须对系统进行设计，使其有时以设计者没有预料到的方式运行。

当然，最小化复杂性的一种方法是尽可能地消除人与人之间的互动。人类创造的环境是根本无法控制的实体，但这个想法否定了创造协作机器人的全部意义。在办公室、医院和街道上漫游的机器人必然会与人互动，我们制造机器人首先是为了让人类的生活更容易。

我们可以设计一个系统来减少机器人对人的依赖。在有些情况下，由于技术发展太快或包含太多的组件，人类无法有效地检查机器人的行动。在这些情况下，需要"高水平"的自动化。在做决策时，设计人员需要考虑特殊情况，这一点我们将在本书后面的部分探讨。但大多数情况下，机器人并不需要真正自立，公平地说，人类也不需要。人们会犯错误，会困惑，也会一直向他人寻求帮助。我们在城市里找当地人给我们指路，或者在问询处咨询如何买地铁票。大多数人的生活都离不开我们给予和接受的帮助，机器人也应该能够寻求或依赖人类的帮助。

为了做到这一点，机器人首先需要知道它们所接受的帮助什么时候是真正有用的。特别是当系统需要人来操作时，系统必须经过特别设计以防止人类可能引入的错误。

要解决这个问题，我们首先应该明白人为错误的真正含义。人为错误是指行为（或遗漏行为）"不是行为人故意的；不为一套规则或外部观察者所期望；或者导致任务或系统超出其可接受范围"[2]。人为错误可能导致系统故障，并可能由许多原因引起，例如忘记执行清单上的一个步骤。人为错误也可能是特定行为没有得到满足的结果（如在疲劳或受伤的情况下驾驶），或是由于监管不足（例如，允许没有执照、没有经验的司机开车），以及一些组织机构的影响（例如各州或国与国之间道路规则的差异）。

　　故障可以是显式的，也可以是潜在的。具体的不安全行为或遗漏行为直接导致的错误称为显式故障。然而，潜在的故障——包括那些源于组织结构、缺乏监督或忽视先决条件的故障——往往更加隐蔽。它们可能会隐藏数天、数周或数月，直到导致事故发生。假设你上晚班，疲惫地连夜开车回家，对此该怎么办呢？每天晚上你都安全到家，直到一个不幸的晚上，你闯红灯时没有注意到路上的自行车。因为潜在的错误是我们不注意的事情，所以从定义上看，它们几乎比显式故障更难识别，解决它们可能需要超越技术设计的大量努力。

　　如何支撑我们的机器人伙伴，知道它们何时何地需要帮助？作为出发点，我们可以看看设计师如何防止工业系统中由于人为错误而导致的故障。工业系统中的关键思想是跨层的健壮性：工业设计师认识到任何一层的监管可能都包含不可预见的弱点，因此他们设计了具有多层防御保护的系统。工业系统设计师使用事故因果关系的"瑞士奶酪模型"将事故的出现描述为跨多个防御层的故障[3]。每一层都有缺陷或漏洞，如果接连发生，就会在整个系统中造成漏洞。堵塞漏洞以避免特定的不安全行为是防止人类引入不可避免的错误的一种策略。然而，即使投入数十亿美元用于开发一种新型商业客机，也很难预测每个漏洞并将其完全修复。对于工作机器人来说，仅靠这种方法取得的成功将非常有限，因为不可能根除所有可能的差错。在系统中设计的保护层越多，系统就会越有效，因为有了这些保护层，就减少了出现漏洞的机会。无论是机器人还是人类都不能完全无误，但我们相信人类和机器的合作是不会出错的，或者至少像人们所希望的那样，近乎没有错误，特别是机器人和人类可能会有不同的避免出错的方式，从而弥补彼此的缺点。这种方法的结果再次体现在航空领域。考虑到每天的航班数量，人机协作带来了难以想象的良好安全记录。如果人类与机器人的合作能够在更现实的应用中取得这样的成果，我们将会看到街道和人行道的安全得到令人惊喜的改善。

这种瑞士奶酪模型可用于工作机器人的设计（图6）。该模型的基础是人机协作关系，但是协作关系是什么样的呢？在任何良好的协作关系中，每一方都会照顾对方，当其中一方需要帮助时，他们能够也愿意帮忙。为了做好干预的准备，团队成员必须了解合作伙伴试图做什么，以及可能会如何出错。在人类团队中，能够理解伙伴的想法和能力的人才能够更好地预测他们的反应，然后更好地与他们沟通，或采取行动引导他们，帮助他们避免错误。同样，我们的新型工作机器人需要了解人类伙伴的潜在弱点，并且必须能够弥补这些弱点。用户还必须在一定程度上了解机器人试图做什么，并能够识别可能使机器人感到困惑的实时情况。如果用户是专家，并接受了数千小时的培训，这就很容易做到。在这种情况下，用户可以详细了解系统如何工作，并开发出丰富的心理模型。即便如此，任务也可能非常艰巨。当工作机器人开始出现在消费者的生活中时，日常消费者接受培训的时间会大大减少，因此他们对这些系统、操作和弱点的了解也会更浅。

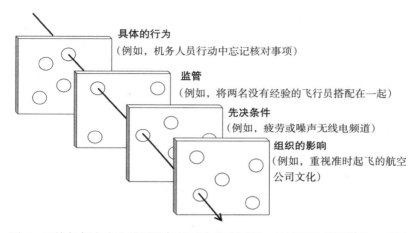

具体的行为
（例如，机务人员行动中忘记核对事项）

监管
（例如，将两名没有经验的飞行员搭配在一起）

先决条件
（例如，疲劳或噪声无线电频道）

组织的影响
（例如，重视准时起飞的航空公司文化）

图 6　环境如何在防止错误的保护层中造成漏洞，从而导致错误发生。来源：Adapted from James Reason, " The Contribution of Latent Human Failures to the Breakdown of Complex Systems," *Philosophical Transactions of the Royal Society B* 327 (1990): 475–484

例如，行人不可能理解人行道送货机器人的传感器如何扫描环境以创建三维纹理世界地图的技术细节，也就是三维点云。行人也不知道机器人如何通过处理点云来了解周围的物体并选择其行走路径。我们需要一种新的设计方法来训练机器人理解它的伙伴——在这种情况下就是街道上的行人——因为那些伙伴并没有经过专门的训练。

好消息是，对机器人系统有浅显的了解可能并不像看起来那么困难。我们通常认为，为了帮助学生学习，老师需要评估学生已经知道的东西。如果学生已经犯了错误，是什么误解导致他犯这个错误？只有通过诊断错误观念，我们才能从根本上解决问题。更好的方法是提前识别这些错误观念，从而避免错误的发生。教育家称这个问题背后的理论为"诊断补救假说"。尽管这一研究领域可能适用于当前的问题，但诊断补救似乎是一个不可能实现的人类与机器人合作的梦想。

考虑人类进行教学辅导和指导的过程，我们所学到的一系列课程似乎违反以上直觉。例如，有证据表明，教师并不总是采用诊断补救措施，即使相关信息已明确地呈现给他们，他们也很少利用学生产生的误解[4]。一项研究表明，试图明确地纠正学生的错误观念也不能帮助他们更有效地学习——至少在学习代数方面是这样[5]。一个原因是误解并不总是导致系统错误，因此修正误解并不总是对性能有预期的影响。

这个领域的研究给了我们希望，机器人不需要了解用户的思维过程和偏见以达到寻求帮助的效果。相反，在涉及人类干预的情况下，机器人只需要确定它需要伙伴做什么来克服这个问题。为了解决手头的问题，一个能有效地影响机器人伙伴的通用模型足以指导用户做出正确的决策或行动[6]。

此外，工作机器人和它们的用户将不会在高度结构化的、拥有强大监督系统的组织中运行，比如航空公司。机器人系统设计者将不得不考虑到这一事实，因为他们要考虑如何避免瑞士奶酪式的漏洞。对于消费产品，社会环境——如监管环境、文化规范和基础设施——将影响人们对机器人的态度、改善系统性能的环境支持（或阻力），以及关于潜在错误和保护性防御的额外机会。例如，人行道和车道的设计可以帮助机器人，也可以让它们的工作更加困难。斑驳或缺失的车道线会让自动驾驶汽车难以始终沿着道路行驶。若一个施工区域摆着分散的交通锥，且周围没有清晰的道路，在这样的环境下机器人是很难理解和导航的。

文化规范是影响人类与机器人合作的另一个因素。就像这些规范会影响人类之间的关系一样，它们也会影响人类和机器人助手之间的关系。例如，在航空领域，人们发现文化规范会影响飞行员、其他机组人员之间的互动，以及驾驶舱自动化功能。这些规范反过来又受到其他因素的影响，包括个人的民族文化、飞行员和机组人员所属群体的专业文化，以及航空公司的特定组织文化[7]。不同的文化往往对权力差距有不同的态度，这取决于他们是更个人主义还是更集体主义。这些差异影响了人们合作的方式，以及在关键时刻有效合作的文化障碍。在高权力差距文化中，团队领导者（飞行员）和团队成员（副驾驶和机组人员）之间的关系是不平等的，即对领导者（飞行员）更尊重。这表现在团队成员不愿意质疑或挑战领导者的决定，以及领导者不愿意听取下属的意见。在权力差距较低的文化中，所有机组人员都被要求参与解决问题，并统一自愿提供相关信息，而不关心各自的权力状态。若团队中地位较低的成员对他们的领导隐瞒关键信息——因为这与他们认为上级希望听到的内容相冲突，或者他们确实提供了关键信息但被忽略时，高权力差异就会导致事故[8]。

文化规范对人与机器人互动的影响也与之类似。例如，在人与人之间的互动中，非语言行为因文化而异。当人们相互交流时，他们之间保持多少个人空间的规范被称为空间邻接学。康奈尔大学的研究人员发现，空间邻接学行为中的文化差异已延伸到人机交互中：在人们喜欢与人交谈时离得近一些的文化中，他们也会期待与机器人的亲密接触；在人们对谈话中的个人空间被侵犯很敏感的文化中，他们会希望机器人也能尊重彼此的个人空间[9]。这个简单的例子只是文化影响机器人和依赖它们的人类之间的关系的一种方式。

让事情变得更加复杂的是，机器人将越来越多地与不可预测的旁观者进行互动，他们之间的交流和影响彼此行为的方式将是有限的。可能出现的广泛且不可预测的情况会导致潜在的错误浮出水面。

虽然在某些方面，由于这些先决条件和社会影响，填补瑞士奶酪的漏洞可能会更加困难，但人类与机器人的合作确实为设计师提供了弥补重叠盲点的机会。也许最重要的是，机器人和人类都将能够识别并克服对方的潜在错误。因此，图7将人与机器人的合作关系显示为环环相扣的圆圈，每个圆圈都有重叠的保护和暴露区域。合作伙伴的设计越强，暴露的区域就会越小。

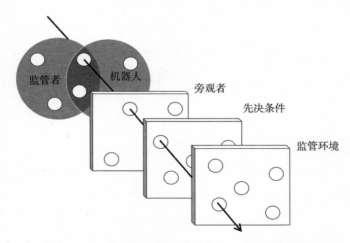

图7　用于商业应用的工作机器人的瑞士奶酪模型

第 2 章 没有自力更生的机器人

在这个模型中，机器人不仅有助于防止人为错误，而且人类用户在改善机器人的错误方面也扮演着重要的角色。一个人要想成为机器的好伙伴，就必须能够预测系统不知道或无法响应的故障。然而，一个盲目依赖人类"安全网"来捕捉和修复错误的系统注定会失败。

例如，美国汽车工程师学会（一个管理工程标准的专业协会）定义了自动驾驶的六个级别，在其中三个级别上，驾驶员不再控制驾驶功能。但对于第 3 级，当自动驾驶功能请求帮助时，人类驾驶员仍有望控制车辆。在第 4 级和第 5 级，自动化不需要驱动程序进行控制；相反，自动化的设计者应该负责确定故障检测和恢复方法，而不是依赖于驱动程序监控[10]。

第 3 级自动化具有很大的挑战性，因为自动化取代了大部分传统的人类驾驶员的角色，但要成为有效的合作伙伴，驾驶员需要知道自动驾驶模式可能在何时以及如何失效，以便在需要时做好准备。例如，当汽车遇到意想不到的障碍时，比如道路施工或绕道，它可能需要人工干预。理想的情况是，驾驶员意识到了这种可能性，并时刻保持警惕，这样当这种情况出现时，他就能立即应对。第 4 级或第 5 级自动化的全自动汽车需要另一层保护。自动驾驶汽车的软件必须能够检测超出其能力范围的情况。当这些情况发生时，机器人必须将自己置于故障安全状态，例如在接近一组分散的交通锥时停下来。也许除了乘客之外，还有一名人类监管者，但他们处于一种类似"指挥中心"的状态，只有当自动驾驶汽车检测到自己无法处理的情况时，才会请求他们的帮助。这仍然是人与机器人的伙伴关系，但机器人有更多的责任去提示监管者帮助它。

我们可以设计这种伙伴关系，就像我们把运动员聚集在一起组成高水平的运动队一样。现代运动队成功的一个关键因素是关注伙伴如何互补彼此的技能和专业知识。在《点球成金》（*Moneyball*）一书中，描写了使用数据分析和统计分析来减少棒球运动中的猜测过程。在棒球比赛中，这种统计分析被称为赛伯计量学，这是由美国棒球研究协会的首字母缩写演变而来的术语。我们可以对人类和机器人团队做同样的事情。例如，我们可以开发指标来分析人类的能力和错误以及机器的性能，因为它们与人机关系有关。作为对概念的证明，我们在麻省理工学院的实验室开发了一种机器学习模型，让机器人观察一个人错误地执行一项任务，然后猜测这个人没有看到或没有注意到什么问题；它还试图确定人类错误行为的哪些方面可能是由于没有充分了解情况导致的，而哪些方面可能是人类尽管理解了问题，但在采取适当行动决策时却犯了错误[11]。例如，因为两个药瓶之间类似的标签，或者因为员工没有接受过关于药物使用的培训，导致医疗工作者拿错了药瓶，给病人用错了药。一个能够模拟我们的盲点——瑞士奶酪模型中人类的漏洞——的机器人可以更好地捕捉这些错误并帮助我们。

此外，我们还知道，一个由专家组成团队并不一定就是一个专业的团队[12]。人们在伙伴关系中学习如何工作，不仅受益于他们渊博的知识，还受益于在一起工作时的经验和实践。我们使用一些关于伙伴（他们的技能集、之前的工作经验）和手头的任务（技能或程序）的先验知识，但是最终，我们需要练习与团队成员一起工作，以"达到最佳状态"。我们彼此熟悉，学习彼此的习惯，一起修补"漏洞"，从而预测和避免失误，并学习信任彼此。

你认为以下哪支棒球队可能表现得更好？一支是全明星的"梦之队"，但队员们第一次一起打球。另一支是普通的球队，整个赛季都在一起训练，但现在，比赛当天，他们的位置被打乱了——游击手必须投球，一垒手要打外场，等等。你可能会猜梦之队，但你可能错了。

人为因素专家 Nancy Cooke 和运动心理学家 Rob Gray 联手进行了这项研究[13]。他们组建了三支棒球队：一支是每个队员在他熟悉的位置上比赛；一支是球员交换位置；还有一支全明星队，由不同球队中每个位置上的表现最好的人组成，这是他们第一次在一支球队中打球。研究人员记录了参加比赛的球队，然后测试每支球队的表现。他们向每位队员展示比赛关键时刻的视频片段，比如一次击球后的瞬间，然后暂停视频，让他们预测下一步队员们会做什么。正确处理这一问题的能力是衡量球队凝聚力的一个标准。在熟悉的位置上一起练习和一起比赛的球队在这项任务中表现最好。但有意思的是，"梦之队"的表现与打乱球员位置的球队相比惨不忍睹。对球队的熟悉度和合适的合作模式比任何球员在单一位置上的技能都重要。

学习如何与他人合作有助于团队更好地解决问题，在一起工作的舒适感使他们更灵活和敏捷地共同应对出现的情况。心理学家花了几十年的研究来理解和设计团队训练程序，以优化团队应对不可预见事件的能力[14]。他们发现，那些把练习时间花在对许多不同类型错误做出应对——这个过程被称为扰动训练——的团队，在对他们还没有见过的新错误做出反应方面做得更好。换句话说，在正确判断错误情况后，团队将学习节奏和策略，以有效地应对任何新的错误情况。这类似于棒球队一起训练，然后完全改变角色。他们能够适应新的情况。

我们才刚刚开始了解如何设计机器人伙伴，模仿人类团队的特殊能力，以应对不可预见的情况。在麻省理工学院的实验室里，我们设计了新的方法，让人类和机器人通过扰动训练一起学习[15]。当人和机器人一起练习不同的任务时，机器人使用一种机器学习算法进行学习，这种算法是由人类认知模型启发的。它学会了从经验中吸取教训，并以类似于人们从以往经验中学习的方式改进团队合作策略。在我们的实验室研究中，我们为由人和机器人组成的团队提供了一些难题，例如，他们可能需要协作分配消防资源来扑灭多风环境下城市街区的一系列火灾。我们发现机器人伙伴在使用人类启发的学习技术的情况下，实际上学习了与人类伙伴学习的策略相一致的团队合作策略，并且人机扰动训练相比其他方法可以达到更高水平的团队表现。

这是一个令人鼓舞的迹象，我们可以开发机器人伙伴，学习与人一起在专业环境下工作，人们愿意并能够投入大量时间用于模拟器培训。但是，一个刚刚订购了将由送货无人机送货上门的包裹的人，不会是一名训练有素的飞行员，也不会花时间学习无人机的工作原理和可能发生故障的时间。因此，我们需要其他工具和方法来设计与工作机器人更完美的合作关系，让它们与日常用户互动。

学习任何技术——即使是非常简单的系统和界面，如电视遥控器——都需要练习。大多数时候，我们都是通过试错来理解设备的工作原理。"易学性"的设计过程模拟了人性的这一方面。我们的目标不是设计一个让用户第一时间就能完成任务的系统，而是确保用户拥有清晰且一致的线索和反馈，这样他们就能更好地记忆下一次与系统交互时应重复的行为。相反，用户界面（User Interface，UI）设计人员将其视为用户将探索该界面的前提，因此要谨慎地将菜单中的关键功能深埋，并进行多次确认，以避免意外激活不可恢复的动作，例如恢复出厂设置。

　　我们如何帮助用户快速提高对机器人的熟悉程度，以便能够识别和克服机器人的错误或故障？在安全关键型系统中，通过试验和错误来学习可能是危险的，而且会耗费大量时间。那么另一种方法是什么呢？第一步是主动改变有机器人搭档之前的用户任务。篮球运动员在一对一而不是团队比赛时会改变他们的策略。同样，习惯于独自工作的人也需要改变自己的行为方式，才能在与机器人伙伴合作时取得成功。用户任务需要转移，这样他们就可以专注于观察漏洞，而不是直接控制机器人。这项新任务包括监控机器人可能出现故障的情况，这样用户就可以进行干预，帮助机器人成功地绕过漏洞。

　　因此，系统设计需要关注如何更好地支持用户适应他们的新角色。例如，在驾驶汽车时，传统上你需要不断观察前方的环境，同时接收许多信息，以确保安全驾驶。当汽车开始使用车道跟随技术自动行驶时，应该提示驾驶员将注意力转移到普通的监控任务上，例如，车道线可能被遮挡，在施工区或意想不到的车道上发生转变。可以在挡风玻璃上或车内显示器上提供数据可视化，以突出对车道线的解释，进一步帮助司机监控汽车感知和理解车道线的能力。但这只是一个假设，只有当开发人员发现，让自动驾驶汽车上的乘客去注意车道线的变化是有意义的，这个假设才成立。我们的工作机器人设计者要找出用户的关键任务是什么，然后决定如何在这些新任务中支持他们。随着机器人变得越来越复杂，功能越来越强大，这种责任变得更加重要。

一旦这些新任务被识别出来，它们就可以在机器人的设计中发挥作用，对人机互动中的人类行为产生积极影响。例如，数据可视化的方式影响着人们如何理解信息并基于信息做出决定。经过验证的数据可视化技术可以帮助用户看到机器人的漏洞，并弄清楚如何在机器人周围移动或修补机器人漏洞。例如，柱状图支持离散数据点之间的比较，而线形图支持趋势信息分析[16]。信息如何呈现将从根本上决定用户如何看待需要做什么的问题。

为了理解这个概念如何在复杂和动态的环境中发挥作用，我们再次转向航空领域。飞行管理系统支持飞行员的工作和决策，从航线规划到执行紧急检查表。研究发现，飞行管理系统向飞行员传达信息的方式会影响飞行员的决策。这项研究表明，信息表征可能会影响人类的行为和决策，同时也会影响其他复杂的动态系统[17]。换句话说，如果它适用于飞行员，那么它也应该适用于驾驶自动驾驶汽车的司机。

为这个目的而开发的一种具体设计方法被称为生态界面设计（Ecological Interface Design，EID）[18]。生态界面设计用于工业应用，如核电站控制板、医疗设备和驾驶舱。它将设计工作的重点从简单的降低用户界面的复杂性转变为关注揭示系统的真实约束，以支持用户构建正确的活动心理模型。因此，它允许从一个被动的监控者（我们知道人们在这方面总是很糟糕）转变为一个积极的问题解决者。这种方法的关键是通过用户界面直观地显示环境的约束和复杂性，这允许用户更直接地识别失败并适应这些失败。

举一个简单的例子来说明生态显示的强大功能，请考虑导航系统。在汽车或手机上有导航系统之前，许多人在去陌生的地方旅行之前会在互联网上查找方向，要么打印出所有路线的列表，要么打印出绘有路线的地图。当事情按预期进行时，这种导航地图比较好用，我们中的许多人都是跟着这份列表上路的。有了地图，你必须不断地调整自己的方向，把它举得离自己很近，以便看清下一条街道，等等。然而，一旦发生了一些意想不到的事情，这种导航地图就变得毫无用处了。假设路线上正在施工，你就不得不绕道而行。没有地图，你将不知道如何回到列表中给出的街道，或者即使知道，但也不确定在哪一个路口转弯。

然而，绘有路线的地图在正常情况下很难使用，因为你必须仔细检查路线，弄清楚它与你当前的位置和你正在行驶的方向有什么关系，你必须把它放在手边，以便从意外情况中恢复路线。在设计机器人时，我们将不得不做出一些权衡与取舍，不仅能让用户为机器人伙伴建立一个适当的主动心理模型，而且能让用户适应意外故障或突然出现机器人无法预测的场景。我们需要用户界面，确定机器人模型的约束条件和复杂性，这对用户来说是直观的。对于机器人，可能需要显示机器人所看到的东西。当机器人丢失了可能导致错误的关键信息时，用户可以很容易地看到并检测到，而不是简单地告诉用户什么时候需要他们，什么时候需要自治系统接管。当机器人无法正确理解共享环境时，用户应该能够看到。

许多研究评估了工业应用中以生态为导向的替代方法，这些研究一致表明，用户用生态界面比用其他类型的界面时诊断问题更快、更准确。处理生态界面时，操作人员往往更灵活，对所使用的系统也有更好的了解[19]。

在生态界面设计中，人们认为机器人伙伴是智能的，但方式与我们不同。重要的是让用户感知到以下内容：

- 机器人的目标和意图，以及它们与环境的关系。
- 对机器人决策和行动的限制。
- 机器人与环境相关的性能指标。

有了这种类型的设计，用户更有可能在需要时介入并提供帮助，而不是一直等待请求。用户更有可能识别出机器人的目标、意图或行动是错误的，并迅速处理这些错误。生态界面设计帮助用户在正常情况下建立机器人决策能力的准确心理模型，对他们进行有效的培训，让他们了解系统在发生故障时是如何工作的。在正常情况下，以生态为重点的显示是不必要的，而生态界面设计在这些时候可能会让人感觉有些过度。但未知的错误将不可避免地浮出水面，当机器人故障导致的问题需要人类操作人员来发现和解决时，生态界面设计将成为关键。

到目前为止，在我们的讨论中，防范错误意味着帮助人们观察特定的指标，并预测机器人可能在何时何地犯错。但是，在一开始就尽可能地找出预防错误的方法是值得的。当然，预防似乎比错误发生后修复更可取。

　　人类比机器人更善于阅读信号，理解环境或情况的变化对他们的影响。事实上，机器人往往根本无法理解其中的一些因素。例如，施工标志可能会引入新的公路交通规则，比如降低速度限制，或者可能会有机器人不知道的路障。人类有很强的能力去接受这些信息——即使线索很少，然后快速理解并做出反应，而机器人必须得到详细、明确的信息和程序。

　　例如，单词中字母的排列顺序无关紧要。唯一重要的是第一个和最后一个字母在正确的位置。剩下的可能排序杂乱，但你仍然可以毫无问题地阅读。（For emaxlpe, it deson't mttaer in waht oredr the ltteers in a wrod aepapr. The olny iprmoatnt tihng is taht the frist and lsat ltteers are in the rghit pcales. The rset can be a toatl mses, and you can sitll raed it wouthit a pobelrm.）你能轻松理解这三句话，这证明我们人类在信息稀少的情况下有能力填补空白。我们能够识别模式并利用上下文来理解文章。神经科学家已经发现，我们使用上下文来预激活大脑中与下一步预期相对应的区域。今天的机器不具备这种基于一般上下文识别和连接模式的能力。机器需要尝试对每个单词进行拼写纠正，即使只有一两个词没有改正，机器也会得出完全错误的结论，或者根本就不会得出结论。

　　人类可以帮助机器人面对这种意外和稀疏的信息：改变规则的信息，忽略机器人需要的重要细节的信息，或者可能在其他方面被误解而导致错误的信息。如果用户可以查看这些情况，并积极解决问题，他们就能与机器人沟通，纠正其决策和程序。这可能意味着用户将与机器人分享新的规则，或者告知它环境的变化。例如在施工区域减速，路面有一个坑，或某人需要更长的时间过马路。这类障碍对人类来说很容易发现，但对机器人来说却很难。人们立即明白如何调整自己的行为来适应这种情况，但机器人需要有专门的规则来应对这种情况。就像人们通过在 Waze 等应用程序上分享信息来帮助他人一样，我们可以设想机器人监管者、旁观者甚至其他机器人通过众包信息来支持正在工作的机器人，帮助它们找到最佳路线。

人与机器人的合作是力量无穷的，因为机器人有用户不具备的力量，反之亦然。机器人知道世界上的一些事情，但不知道人类所做的一切。例如，机器人经常很难学会社交互动的细微差别——微妙的身体语言，比如歪着头可能表明一个人感到无聊或困惑。同样，人类知道世界上的许多事情，但不知道机器人所做的一切。在手术室里帮助外科医生的机器人从不眨眼，从不疲劳，准确地知道伤口有多长，并且不会在手术现场弄丢手术器械。

我们如何利用机器人的相对优势和交互功能来弥补人类的弱点呢？

首先，在了解了人类潜在的弱点和盲点（例如，在瑞士奶酪的人类切片上的漏洞）之后，我们可以设计机器人的任务和能力（例如传感器、行为智能），以确保它的弱点和盲点（它的漏洞）不与人类的重叠。根据一项研究，护士和外科医生会在 12.5% 的手术中误算手术器械和海绵的数量，这导致了一些危险的错误，比如将手术用品落在手术患者体内[21]。有了相关知识，外科手术机器和机器人就可以安装特殊的传感器来帮助医生追踪手术用品。

　　一些重叠的漏洞仍然会存在。但是，如果我们能给机器人设置一个动态模型，告诉它人类的弱点与它要完成的任务有关，那么机器人就可以使用这个模型来积极地预测什么时候某个行为可能会与人类的漏洞重叠。机器人有可能在错误发生之前捕捉到错误，并据此引导人类的注意或行为（即临时"修补漏洞"）。这就像我们在一个有很多孩子的社区里放一面镜子，帮助人们看到周围的盲区，或者放一个路标，上面写着"慢点，孩子们在玩"。这些都在提示司机调整他们的行为，是在存在潜在麻烦情况下提醒人们谨慎驾驶的辅助工具。在与机器人互动时，我们也可以这样做。虽然每个人的弱点不尽相同，但我们也展示了人类意识和决策方面的一些共同差距，设计师可以使用这些模式来指出用户可能在哪里以及如何出现问题。通过产品设计过程中的实验，我们可以锁定机器人需要引导用户远离"漏洞"的其他区域。或者，机器人可以识别出人类的动作是在什么地方掉进漏洞里的，以便自己采取行动减轻后果，或者提醒人类注意这个问题。

　　也许最重要的是，机器人可以通过管理用户的注意力来防止或克服人为错误。人类会有系统性的偏见，当他们把注意力集中在错误的细节上时，重要的信息就会被忽略[22]。设计机器人可以帮助监管者克服这些人类普遍存在的局限性。

　　例如，在压力下，用户的关注点会缩小。这被称为聚焦注意力，虽然这能让我们专注于给定的任务，但也经常会导致我们错过外围的信息。机器人可能会检测到这些压力时间，并尝试重定向用户的注意力，或者自动接管监管者由于忙于多任务处理而无法执行的任务。

此外，当人们被引导做出适当的反应时，他们在面对不可预见的事件时往往表现最好。当向他们提供了太多关于某一情况的信息时，情况就会变得混乱。事实上，有时人们对一个系统的工作原理了解得越多，就越难发现如何干预以避免错误。这有点违背直觉，但有时候过多的信息是有害的，会让人分心。在可能的情况下，机器人可以帮助引导用户采取解决故障所需的步骤。

在 20 世纪 80 年代，研究人员进行了一项研究，旨在训练人们操作一个简单的控制面板，该面板由一些按钮、开关和指示灯组成[23]。参与者被告知了一个关于控制面板的用途的故事——它是企业号星舰上"泰瑟银行"的控制面板。这项研究的目的是了解人们需要知道什么样的信息才能正确地操作一个复杂的系统。例如，他们真的需要了解系统的功能吗？或者仅仅训练人们按正确的按钮并记住开关顺序就足够了吗？如果给人们更多关于系统如何操作的背景信息，包括按钮和开关的用途，这是否会有帮助？这些关于泰瑟银行的额外信息能帮助他们更好地理解自己的任务吗？

在一系列实验中，参与者要么通过死记硬背不停练习操作步骤，要么接受关于不同版本的系统工作原理的指导。研究人员发现，并不是所有关于系统如何工作的信息对人们都一样有用。这些信息只有在支持用户推断他们需要采取的确切和特定的控制动作时才有用。人们在上述情况下学习得最好，这支持了试错法是学习系统的最佳方式的概念。如果我们只是不断告知用户如何使用设备，但是用户实际上并没有学会——他可能错误地解释模型，或者在必要的控制动作上得出不正确的推论，这样就无法实现设备的最佳性能。我们需要机器人来引导人们获取他们所需要的信息，以便在特定的情况下决定如何应对。机器人可能不知道需要采取什么行动，但仍然知道必须采取某种行动。或者机器人可能知道发生了一个错误，它把监管者的注意力引导到显示器的特定部分，或者引导用户通过特定的像清单一样的操作序列来解决问题。

在下一章中，我们将尝试理解这种方法。有效的团队合作的核心是了解队友的优缺点——但不是他们在日常生活中的长处和短处，比如擅长篮球，但不擅长烹饪。我们需要了解伙伴的具体优势和弱点，因为他们将与我们一起完成手头的特定任务。事实证明，在使用自动化时，我们知道很多关于人类自己的优势和劣势，这些知识将帮助我们设计与工作机器人的新伙伴关系。

第3章

当机器人太过完美时

那是 2009 年一个夏夜，法航 447 航班准备从巴西飞往巴黎，机上载有 228 名乘客[1]。乘客们登机坐好后等待起飞。飞机起飞后，飞行员宣布他们已经达到了平稳的巡航高度，有些乘客拿出了书和笔记本电脑，或者把座位向后倾斜，打算睡一会儿。他们没有意识到的是，飞行员也在放松。现在自动驾驶仪已经启用了，飞行员不再需要手动驾驶。机长认为这是他休息的最佳时间。他向两名副机长通报了情况，然后回到机舱里。

几分钟后，飞机的传感器之一——空速管上形成了冰晶。空速管通过测量压力的变化来确定空速，而结冰会阻塞气流，使空速测量失效。由于这个传感器的故障，自动驾驶仪自动退出，飞机进入了一种新的飞行控制模式，称为 2b 替代法则。空客飞行计算机可以以三种不同的模式或法则操纵飞机。正常法则是当所有的传感器和系统都运转正常时，为了防止任何可能导致飞机变得不稳定的大小变动，控制系统保持飞机在其指定的飞行参数内。当数据由于传感器故障或其他故障而丢失时，飞行计算机进入替代或直接法则。当一些保护措施仍在发挥作用时，就会使用替代法则。直接法则是指在没有任何保护的情况下，飞行员的输入直接转化为飞行操纵面的运动。2b 替代法则，也就是那天从巴西起飞的 447 航班所采用的法则，是所有替代法则中最差的一条，它只有在出现严重问题且飞行员不得不在没有自动系统协助的情况下采取行动时才会投入使用。在所有替代法则模式中，该模式对故障（包括失速）的保护措施最少。

但进入那个模式并不是问题所在，问题是飞行员重新控制了飞机却没有意识到这一点。发生模式更改时，显示器上水平仪旁边的小绿线变为琥珀色十字，表示已切换到替代法则，但飞行员没有注意到这种细微的变化。当飞机开始出现明显的故障时，他们才注意到有些事情发生了变化，而在最紧急的时刻，飞行员只顾着惊讶和困惑。他们对受损传感器的问题缺乏全面的了解，也无法对飞机行为的漏洞进行弥补。他们试图接管控制权，但并不知道自动飞行控制系统是如何运作的。

过了几分钟，一位副机长把机长叫回机舱里。飞机遇险，引擎全速运转，但机身开始向右偏转并迅速下降。当时控制飞机的副机长向后拉操纵杆，试图让飞机爬升，但他没有意识到自己使飞机爬升得太快：飞机爬得太陡了，机翼上方的空气已经无法正常流动。当飞机快速下降时，另一位副机长说："爬升……爬……爬……爬升！"控制飞机的那个人回答说："但是我已经把机头上扬到最高了！"就在这时，机长意识到发生了什么事，喊道："不，不，不，不要再爬了！"飞行员所要做的就是俯冲以恢复空速，这样机翼就会再次发挥作用。但是已经太迟了——飞机飞得太低，无法从失速中恢复。当探测到地面时，警报开始响起，飞行员说："我们要坠毁了！这不可能是真的。但是发生了什么？"他真的很困惑。飞机坠入大海，机上所有人都遇难了。

数十年航空航天应用领域的人机协作研究表明，自动化程度的提高会削弱操作员识别和纠正错误的能力。事实上，自动化程度的提高导致了许多飞机失事[2]。研究一致表明，当系统发生故障时（不管自动化系统有多先进，它最终总会以某种方式发生故障），相关人员的处境比从未使用过自动化的人更糟糕。当人类和自动化系统必须合作时，问题就会恶化，特别是当新系统被引入时[3]。

大多数事故不都是人为错误造成的吗？

当灾难性事故在高度自动化的系统中发生时，用户通常是罪魁祸首。"人为错误"被宣布为事故的起因，并宣称设计缺陷已在最大程度上被减少了。当然，法航447航班的飞行员应该知道自动驾驶仪已经失效，并应该能够迅速采取适当的行动，毕竟，光已经从绿色变成了琥珀色！人为错误不仅是航空事故的起因，还导致了许多其他状况（图8）。据估计，高达90%的机动车事故至少部分是由人为因素造成的[4]。迄今为止，在大多数自动驾驶汽车中，人类测试驾驶员都被发现犯了错误，因为他们的反应不够迅速。但是，当遇到系统开发人员没有预见到的复杂、意外的情况时，这个人真的有错吗？

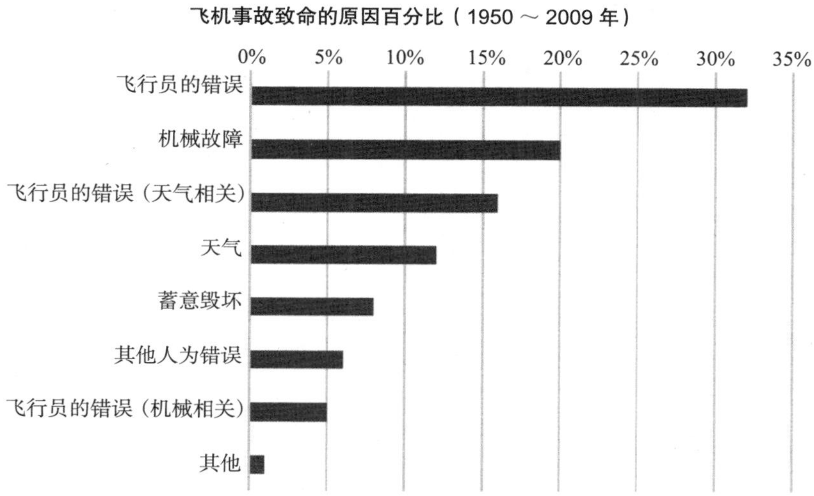

飞机事故致命的原因百分比（1950～2009 年）

图 8 飞行员的错误通常被认为是航空事故的主要原因。来源："Statistics: Causes of Fatal Accidents by Decade,"Plane Crash Info, http://planecrashinfo. com/cause.htm

"人为错误"提供了一个方便自动化系统制造商的解释。但当你深入挖掘事故调查结果表面之下的原因时，就会发现更复杂的情况。最常见的情况是，真正的原因是人与自动化交互中的故障。有时，这样的错误只是反映了不断成长的痛苦：当引入涉及人与自动化交互的新系统时，人们必须学习新规则并获得有关其新角色的经验。但同样经常发生的是，系统故障也反映了系统设计不善的事实。在 AF447 航班上，事故调查小组发现，飞行员长期使用自动飞行控制系统的标准做法，削弱了他们在自动系统突然意外关闭时迅速了解情况的能力。他们已经变得习惯于让飞机自行运转，他们处理系统故障和突变的能力也下降了。对飞行员的心理检查证明，因为更多地依靠驾驶舱自动化，使得他们无法及时调整方向以应对故障[5]。

人们可能会问，这种"认知控制"的丧失是否真的是飞行员的错。从某种意义上说，这可能是使用"太完美"的机器人的后果吗？如果一台机器运行得很好，以致操作人员忘记了在出现问题时如何干预，会发生什么呢？

这种可能性给我们带来了一个难题。显然，我们想要设计出最棒的机器人，并且让它们能接替人类操作员完成任务。但这意味着，按照设计，人类操作员不会花太多时间操作相关系统或与自动化系统交互——操作员只有在被要求处理罕见的故障事件时才会介入。具有讽刺意味的是，操作员只有在高压力的情况下才需要介入，而在高压力的情况下，几乎没有人为错误的空间，但此时人们往往最有可能犯错误[6]。这个问题是自动化过程固有的。一个早期的警世故事来自我们在第二次世界大战中的经历。当设计师改进了喷火式飞机的座舱时，在训练中一切似乎都很好。但在混战的压力条件下，飞行员会意外地将自己弹射出驾驶舱。问题的根源在于，设计师切换了扳机和弹射控制，而飞行员在压力下恢复了以前的本能反应。

这是人类的天性，在紧张的情况下，我们对情况的感知范围会缩小，我们主动采取行动的能力会减弱，我们的行动会偏离通常的轨道。与此同时，你正在使用的机器也在尝试响应它不习惯处理的事件。就像你第一次坐上一辆租来的车，却迟到了。你发动过汽车，调整过座椅，甚至开过很多次车——但绝不是在这辆车里。而且因为控制方式略有不同，你挣扎着调整方向，驶出停车场，进入不熟悉的街道，这一切只会增加你的压力。对于自主系统，问题非常相似。系统总体上是一样的，但细节发生了变化。这将使操作者处于最糟糕的境地，无法快速做出决定并采取精确的行动。

　　自动化经常隐藏系统的行为，这一事实使问题更加复杂。这样做是有意的，可以使与复杂机器的交互变得更简单、更易于管理。但是，正如我们在 AF447 事故中所看到的，它让用户努力弄清楚机器正在尝试做什么，判断在这种情况下这是否是正确的，以及通过什么命令才能使系统进入安全状态。以租车为例，你可以调整座椅和后视镜，找到大灯和雨刷的开关，然后就上路了。但在自动控制中，显示器上的信息很少，任何一种模式的工作方式可能都没有相应的物理表示。你必须经过训练或者通过使用来学习。虽然用户对自动化模式和行为的理解会随着使用次数的增加而提高，但系统在危机期间进入的模式是用户很少经历到的，因此在发生危机事件时，用户面对的是一个陌生的模式。

　　这不仅仅是飞行员面临的问题。例如，现在我们大多数人都在使用 GPS，这可能导致我们失去导航能力。我们倾听 GPS 系统平静的声音，在犯错时，它会耐心地帮我们回到正轨，然后我们就会到达要去的地方——但我们中的许多人不再有能力在脑海中绘出从这里到那里的路线。这没有什么问题，直到我们进入意外情况，需要更深入地理解复杂情况，如道路封闭。我们会很快笨拙地使用 GPS 来改变路线，或者找到其他能让我们回到预定路线的道路[7]。

　　通过对航空事故的研究，我们了解到，由于自动化功能运行良好，我们开始依赖它——但我们有时会过度依赖它，而有时又不够信任它[8]。在实验室中，许多人在自动化系统失败后仍然继续使用它，因为他们盲目地依赖它[9]。即使意识到了这些风险，我们仍然可能会失去注意力，难以注意到系统可能正在接近失败状态的细微暗示。由于自动化故障很少发生，人们很少及时发现，这种现象被称为警惕性降低，在许多罕见的事件检测任务中都可以看到。因为随着时间的推移，没有重要事件发生，人们就会在任务中失去注意力[10]。不管用户对系统有多熟悉，警惕性降低都会持续存在。

当我们与一个更像同类或拟人化的机器人系统互动时，不适当依赖的问题会更加严重。在佐治亚理工学院最近的一项研究中，研究人员测试了一种旨在引导人们安全逃出失火大楼的机器人[11]。人们似乎盲目地跟着机器人走，即使机器人明显出了故障，或者把他们带进了壁橱里的死胡同。这一问题因我们长期追求机器人的模样和行为更像人类而加剧。通过许多研究，我们发现系统越是拟人化，人类就越有可能不恰当地依赖它的建议、劝告或行动。换句话说，为了自己的利益，人们过于信任机器人。我们需要一些方法来调整这些新系统的设计，以预防这些问题，而不是像我们在航空领域所做的那样等待从错误中吸取教训。

飞行员被要求在他们的认知能力范围内不断执行相关操作。他们持续监控复杂的飞机，并必须准备好在出现故障时采取可靠和迅速的行动。如果他们眨眼，或者他们的注意力在错误的时刻被分散，结果可能是灾难性的。因此，在设计飞机时，仔细研究人类认知和信息处理的优势和局限性，并在设计中仔细考虑它们是有意义的。

但你可能不是一个管理先进自动驾驶系统的精英飞行员。这跟你有什么关系呢？

如果你已经为人父母，或者曾经长时间照看过蹒跚学步的孩子，你基本上就是在做现代航空公司飞行员的工作。因为风险同样高——这关系到孩子的安全和健康。面对一个两岁的孩子，你必须时刻盯着他。你一转过头，他可能就会径直走向书架，开始往上爬。你有没有想过为什么照看一个蹒跚学步的孩子会让人精神疲惫？这是一项需要时刻保持警惕的长期监控任务，而且人们不可能长时间集中精力完成如此高强度的监测任务。

这就是为什么我们要尽量减少对安全至关重要的工作的长期监控。例如，在一场手术中，外科助理护士的轮班时间比外科医生要短得多，尽管外科医生可能要工作 12 个小时或更长时间，但外科助理护士在手术期间的休息时间却超过两个小时。这是因为外科助理护士主要负责监控外科医生——在正确的时间提供正确的手术器械，时刻关注器械和纱布，以确保没有任何东西留在病人体内。护士无法长时间无误地完成这种监控任务。运输安全管理局的工作人员在机场检查行李时也经常出于同样的原因而轮换。空中交通管制员在对飞越我们领空的飞机进行 30 分钟或一个小时的监控和指挥后，就会休息很长时间。

不幸的是，为人父母没有轮换或长时间休息的机会！事故是导致儿童死亡和残疾的主要原因，每年有 2300 万 15 岁以下的儿童因溺水、中毒、被小玩具呛到、被狗咬伤、在操场上受伤、因接触家庭安全隐患而受伤、跌倒等原因而死于急诊室[12]。这并不是由于监管疏忽——大多数事故都发生在看护人本该照看孩子的时候 [13]。只是我们不是机器，我们的注意力有时会消失。事实上，我们重视机器人的原因之一是它们的注意力广度本质上是无限的！父母偶尔也要完成一些日常生活中的其他活动，比如走一会儿去接个电话、做顿饭或清空洗碗机。我们必须不断地思考和决定：如果我离开，我的孩子还会继续做现在正在做的事情吗？我能等多久才能回来确认他的安全？我们离开的时间越长，我们的情境感知能力下降得就越多。

情境感知（Situational Awareness，SA）是一个理论结构，帮助我们理解人们如何处理信息、理解复杂的系统和情境，并发展决策能力 [14]。几十年来，我们一直在研究与自动化系统的互动是如何影响情境感知的。这项研究有助于我们更好地理解人类的典型处理能力和局限性。此外，该研究结果为改进人机交互系统的设计提供了基础。另一项独立且互补的研究关注人们如何在有限或不确定的信息下做出快速决策 [15]。人们倾向于在决策中运用启发式方法或捷径法，这导致了可预测的判断偏差 [16]。由于这些偏差导致的糟糕的决策已经被记录在包括经济学、市场营销、体育、消防以及航空在内的许多应用中。人类情境感知中的典型弱点，以及决策中的启发式和偏见，代表普通人的瑞士奶酪模型中一些最大、最常见的漏洞。理解这些问题将是设计优秀机器人伙伴的关键。

研究表明，当父母监督他们的孩子时，会不断地进行复杂的心理计算，判断哪种干预措施似乎是合适的 [17]。他们的决定将取决于孩子的性格、当前的活动、孩子的年龄或发育情况、孩子的性别（有一种感觉，男孩比女孩更难预测，而且独处的时间更短），还有许多其他因素。不同的照顾者有不同的养育能力和监督风格。有些父母被称为"直升机父母"，他们总是监视孩子的一举一动，不让孩子把自己置于两难的境地。还有一些家长则采用了放任式的教育方式，他们认为，孩子通过自己摸索出解决问题的方法，能学到更多东西。教养方式和能力最终会影响孩子的安全和幸福。简单地说，有些人天生就比其他人更善于监督孩子，有些人则比其他人更努力。在职场中也是如此。两名医生可能都非常喜欢手术室，但其中更擅长监测任务的可能会倾向于成为麻醉师，而另一个不太适合监测任务的可能会倾向于扮演更积极的外科医生角色。同样，为人父母给了我们这样的选择。

工作量和疲劳程度也会影响我们有效监督孩子的能力。单亲父母有很多事情要做，他们不得不在很少的帮助下完成监督孩子的任务[18]。数据表明，如果儿童只有一个照顾者，或在有多个兄弟姐妹的家庭中生活，其受伤的风险就会大大增加。这一发现是有道理的，因为这些情况会降低照顾者密切关注孩子活动的认知能力。与高度自动化系统交互的人也是如此：人们越是超载或疲劳，就越有可能错过关键信息或犯错误。

但对家长来说，有好消息也有坏消息。好消息是，许多公司正在开发和部署家用机器人，帮助父母照看孩子[19]。目前，这些机器人被用作远程监控设备，它们可以跟着孩子在房间里四处走动，用摄像头拍下孩子的行为；父母做饭时可以随时扫一眼远程视频，或是听着音频，听着孩子们玩耍。我们的愿景是，这些系统将很快变得更加智能。它们会跟踪孩子的身体动作和眼神，如果孩子开始爬上家具，或者好奇地盯着电源插座，它们可能会提醒父母。换句话说，你可以与机器人分享育儿的监控任务，它可以帮助你决定你可以离开多久，什么时候回来检查。

问题解决了吗？没有那么快。

驾驶舱内的自动化是否消除了飞行员的错误？是的，有些是这样，但正如飞机自动化带来了新的复杂性和新问题一样，保姆机器人的引入也将带来新的问题。作为家长，我们的任务将从监控孩子转移到监控机器人监控孩子的能力。你已经花了多年的时间来了解自己的孩子，建立起关于他会如何表现的心理模型，并知道你可以把目光移开多久。现在，你还必须了解机器人是如何运作的，它能做什么，可能错过什么。你需要追踪机器人可能有的多种"模式"，比如在家里和在操场上的安全模式。现在你需要担心并检查机器人是否处于正确的模式。而且，也许最重要的是，如果你过于依赖保姆机器人，你可能不会注意到什么时候出了问题，从而无法及时干预。只有当父母真正了解机器人的优缺点时，这个系统才会起作用，这样父母才敢在合适的时候依赖它，而在其他时候使用自己的判断。

做好这一点并不容易，但同样，设计这样的系统不需要我们重起炉灶。人类与机器人之间的协作可以从工业系统设计者已经面临的类似挑战中找到指导。我们可以从人类认知科学中汲取经验，这一科学帮助航空旅行成为最安全的交通方式之一。我们来看看人类情境感知理论，这一理论研究工作量、疲劳和固有人为偏见如何影响人的表现，以及科技如何使我们做出正确决策的能力变得复杂。

我们知道，在将新技术引入飞机时，事故会激增。当使用复杂的技术时，我们已经完善了人类决策的理论，就像完善了机器人技术一样。让我们再次确保，从一个领域获得的经验教训和见解被转移到其他领域。当我们引进更有能力的家用机器人时，我们能从过去的惨痛教训中得到启示，从而防止事故的发生吗？不能仅仅因为我们不能将从工业应用中学到的知识转移到消费产品上，就让儿童受伤的人数每年超过 2300 万。

情境感知研究人员研究我们如何保持对周围世界这一系统的心理表征。他们对我们与所有类型系统的交互感兴趣，他们的工作在设计复杂系统时特别有用。它使我们能够预测人类的行为可能如何影响给定的情况，并为有效的决策提供基础。发展和保持情境感知包括三个阶段：感知、理解和预测。感知包括处理周围世界元素的感官信息；理解包括综合这些新的输入，并将它们与你的目标、期望和当前模型进行比较；而预测就是利用这些信息来预测未来的状态和结果 [20]。

当一台自动机器把任务的控制权交给它的人类伙伴时——无论出于何种原因，这些人类伙伴必须保持注意力，并保持足够的情境感知能力。

让我们回到开车的例子上（这次只是开一辆普通的车，不是自动驾驶的）。开车的时候，你会在同一时间收到各种各样的视觉输入：汽车的仪表盘告诉你车速有多快；你必须注意道路，注意前方的路况，或者注意与岔道的交叉；你要注意地标、天气；等等。还有声音输入：可能是车里的其他人在聊天，引擎的嗡嗡声，其他汽车的鸣笛声，GPS给你的指示，或者Spotify的播放列表。还有触觉输入：比如汽车的震动，脚踩油门踏板的压力，以及加速或减速时的加速度变化。你会下意识地将这些信息融合在一起，从而明白什么时候需要减速，什么时候转弯，或者什么时候接近目的地。你本能地知道，在交通信号发出前踩下刹车踏板，及时减速，而不用发出刺耳的刹车声。你也知道如何在下雪时调整驾驶行为，什么时候要注意行人，什么时候应该暂停与乘客的谈话，这样你就可以把更多的注意力放在路上。

想象一下，如果你在开车的时候失去了情境感知，比如仪表盘掉下来了，或者后视镜断了，你可能很难获得和这些辅助设备能提供信息时一样的理解。你要么通过其他方式获得相同的信息来补偿，要么忍受情境感知能力的下降。例如，在一个后视镜坏掉时，你要格外小心，也许要常常扭头扫视一下后面。大多数时候，这就足够了。但在少数情况下，努力保持足够的情境感知可能会导致你犯错，并可能导致事故。这虽然是一个简单的例子，但随着机器人进入我们的日常生活，我们会把越来越多的任务交给它们，如果这种交接设计得不好，把工作交给机器人可能会让情况变得更糟。总体情境感知的丧失可能使我们无法捕捉错误或在需要时进行干预。例如，如果医院里的机器人负责把药送到不同的房间，然而它被困在了走廊里的一个障碍物上，谁会发现它被困住了，把它解救出来，并确保它回到正轨？或者，更紧急的是，谁来确保等待的病人通过另一种方式获得药物？

回想这一章开始提到的法航航班，当飞机坠入海洋时，飞行员不具备足够的情境感知能力。我们已经看到这种情况一次又一次地发生。在另一起事故中，台湾中华航空公司 006 航班的飞行员试图弄清楚飞机的方向，结果飞机在几分钟内跌落了三万英尺[21]。其中一个引擎出了故障，飞行工程师通过检查清单来了解并纠正这个问题，自动化系统试图弥补引擎推力的不对称性，并将控制轮尽可能往左转动。飞行员需要在关闭自动驾驶仪之前了解这一情况，以便机组人员可以准备手动弥补这一问题。然而，机长在断开自动驾驶仪之前或之后都没有执行正确的控制操作。由于飞机正在穿过云层，飞行员需要依赖仪表板上的水平仪指示器，它显示飞机相对于地球地平线的方向。仪器显示出过度的倾斜——飞机实际上是在往下飞，而且是侧着飞。这太不寻常了，飞行员以为是指示器出了故障，从而失去了方向感。直到飞机冲破云层后，飞行员才重新调整方向，并意识到姿态指示器是正确的。一旦他恢复了情境感知，就能够恢复飞机，重新启动引擎并安全着陆。

在运行高度自主系统时，情境感知能力的丧失已导致商用和通用航空数百人死亡，因此，政府和航空公司已经花费了数百万美元来研究为什么会发生这种情况，并试图找到解决方案。解决问题的目标通常是考虑如何防止情境感知的丧失。

某些人感知上的弱点可能源于他们对数据和环境中的特定元素的感知问题。另一种情况是，有些人可能理解了所有的相关信息，但无法理解其含义。最后，有些人可能会正确地感知和理解，但却无法使用这些信息准确地预测未来的信息或事件。在系统设计人员必须考虑的三个级别中，每个级别都有许多可能的潜在故障原因，表 1 列出了一些最常见的原因。

表 1　情境感知错误的分类

第一级：无法正确感知情况
数据不可用
很难辨别或检测数据
未能监控或观察数据
误解数据
记忆丧失
第二级：对情境的不恰当整合或理解
缺乏心理模型或糟糕的心理模型
使用不正确的心理模型
过分依赖默认值
第三级：对系统未来操作的错误预测
缺乏心理模型或糟糕的心理模型
对当前趋势的过度预测

犯错误的可能性在一定程度上取决于用户的关注程度，用户投入过多或过少都会导致错误的增加[22]。这也意味着要求别人过多或过少地关注自动化都可能会适得其反。"唤醒"（即某人为一项任务分配物理或认知资源的水平）与成功完成一项任务的能力之间存在非线性关系。这种关系被称为埃尔克斯－多德森定律（Yerkes-Dodson law），该定律以最先描述这种现象的心理学家命名。如图9所示，当用户没有得到足够的刺激时，他们就会感到无聊，更容易从主要任务上分心。但是在承受过度刺激时，他们最终会变得紧张和不堪重负。在这些时刻，认知过程实际上发生了变化。根据注意力聚焦理论，我们通常会在任务的一小部分上投入巨大的注意力，这导致我们完全忽视了注意力集中区域之外的视觉刺激。自动化通常被设计为减少用户的任务负载，通过设计，用户不再参与常规活动，而只参与高工作量的活动，例如从故障中恢复。

因此，自动化系统的用户处于绩效曲线最糟糕的部分。最佳绩效就是在用户和机器之间找到任务的正确平衡。

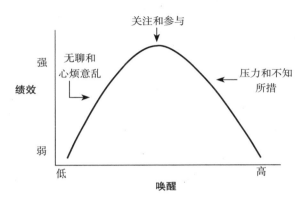

图 9　埃尔克斯－多德森定律描述了唤醒或刺激水平与一个人在任务中的表现之间的关系。来源：Robert M. Yerkes and John D. Dodson, "The Relation of Strength of Stimulus to Rapidity of Habit - Formation," *Journal of Comparative Neurology and Psychology* 18, no. 5 (1908): 459–482

　　一个显而易见的解决方案可能是直接降低机器人的自动化程度，从而要求用户更多地关注它们。这种选择将确保用户继续参与，并准备好在系统失败时接管。但是必须仔细考虑用户的总工作量，包括他们执行的所有不同任务的工作量，而不仅仅是与机器人交互的工作量。如果重新开启自动化，用户的工作量最终会过高，他们的决策能力会下降，绩效也会下降。因此，当紧急情况发生时，他们的接管能力较弱。这是法航飞行员试图了解情况和飞机状态时在驾驶舱发生的事情。

　　我们还必须考虑疲劳的累积效应。疲劳既有生理原因（如睡眠不足、饥饿），也有心理原因（如完成任务的时间）[23]。研究表明，决策能力会随着疲劳程度的变化而变化。例如，当法官做出裁决时，他们正在执行一项繁重的精神任务。他们必须吸收和理解大量的信息，预测未来可能发生的事件，从而做出决定。疲劳还会影响判决结果，有证据表明，法官在吃完点心或午餐休息后，往往会在判决中表现得更加宽大。

　　任务的详细程度也很重要。因为要执行一项真正具有挑战性的任务而承受高工作量，或者由于从事多个并发活动而承受高工作量，这是有区别的。当人们不得不在不同任务之间切换时，他们的反应总是比较慢。一项实验室研究要求参与者在解决数学问题和分类几何图形问题之间切换。当参与者在这两个任务之间切换时，他们浪费了时间，而随着时间的推移，浪费的时间累加了任务，使任务变得更加复杂[24]。我们一直在转换任务，例如，我们开车时先去挑选收音机里的歌，然后又转回去监控路面情况。当孩子们爬上滑梯时，我们会查看短信，然后抬头看看，以确保他们的安全。在这些任务之间切换时，我们损失了数百毫秒的时间，因为我们的认知过程必须重新调整，以不同的方式执行每一个任务。这就好像我们的大脑必须停下来，快速加载一个新程序。虽然转换成本通常很小——不到一秒，但在安全关键的应用中，这些延迟会使人无法在必要的时间内做出反应以避免事故发生。众所周知，由于任务切换而导致的心理环境切换会削弱我们的情境感知，降低正确应对危险情况的能力[25]。

　　我们生活中的许多机器人都被限制在单一的任务上。但更先进的自动化系统通常设计有多种模式，以处理不同类型的特殊情况。操作员将越来越多地了解不同模式下自动化系统的不同行为，而这种切换将成为另一个痛点。

比如，你的车和其他新车型一样，配有防抱死制动系统（Antilock Brake System，ABS）。天气好的时候，你踩下刹车踏板，车就会减速。然而，在恶劣天气下，汽车会以不同的模式运行。视路况而定，当你踩下踏板时，它可能不会直接刹车。为了避免失去地面牵引力，它将以脉冲方式施加和释放刹车。在这两种情况下，你踩下刹车踏板的方式是一样的，但汽车的两种反应感觉上是不同的。如果你事先不知道汽车配有防抱死系统，第二个结果可能会非常令人惊讶。作为一种本能反应，你可能会担心刹车不能正常工作，并采取不恰当的行动，例如使汽车转向。早期防抱死制动系统通过制动踏板的振动来提醒驾驶员该系统的激活，然而司机被这个意外的信号弄糊涂了，惊慌失措，许多人的反应是把脚从刹车上拿开——这不是正确的反应 [26]。这种简单的模式混淆成了许多交通事故的原因。

如今的飞机比汽车拥有更多的自动驾驶模式，而操作人员对自动驾驶模式的困惑是导致航空事故的一个重要原因 [27]。在AF447 航班上，由于空速测量出现故障，自动驾驶仪断开了连接，飞机从正常飞行模式过渡到备用飞行模式，在这种模式下不能提供飞行员在正常飞行中所习惯的失速保护。飞行员很难理解自己的动作是如何被转换成飞机的输入信号的，因此只能继续拉回操纵杆，这导致飞机在没有意识到的情况下失速。失速警告响了 54 秒，但飞行员没有对警告做出反应，似乎也没有意识到飞机失速了，因为他们在试图找出问题出在哪里。警报的声音可能并不清晰，或者飞行员的注意力可能集中在了错误的问题上，导致他们错过了最紧迫、最根本的问题。显然，他们没有准确的情境感知能力，因此无法在那一刻做出正确的决定。

尽管飞机自动化可能仍然比汽车更复杂，但很快情况可能就不一样了。同样的模式混乱导致的安全问题也开始出现在我们的辅助驾驶汽车上。2017 年对特斯拉 Model S 70 的一项研究记录了一名驾驶员在 6 个月的驾驶过程中出现的 11 次模式混淆情况 [28]。

笨拙的自动化设计会使糟糕的情况变得更糟。如果一个系统没有清楚地显示或告知操作者它的模式，可能会导致错误的信息和不恰当的行为。如果系统以不合理的方式将其模式告知操作者，也会使操作者感到困惑，并导致会出现相同的问题。例如，2017年，在美国海军驱逐舰 USS John S. McCain 号上，指挥官决定重新分配控制权，并命令将"节流阀"转移到另一个观测站 [29]。但是，舵手不小心把所有的控制装置都调到了新的观测站。当这种情况发生时，船舵自动重置到默认位置（船的中心线），而没有给出任何警告或通知。模式的改变使船偏离了航线，并与一艘商业油轮相撞。船上的每个人都认为船失去了方向感，工作人员花了几分钟才弄清楚发生了什么。但为时已晚，USS John S. McCain号与油轮相撞，造成 10 名水兵死亡。

减轻模式混乱需要在设计器方面下功夫。用户需要充分理解机器人在任何给定情况下的行为。自动化应该提供关于系统模式、状态和操作的清晰提示。它不应该提供在关键时刻可能被误解的反馈，即在操作员必须要输入正确的时候。而且，如果用户采取了错误的行动，自动化系统也必须足够智能，能够识别和响应操作决策中的错误 [30]。

安全关键系统的运行往往要求使用该系统的人快速做出决策。如果一个人被剥夺了资源，也就是说，他没有足够的时间、信息或认知能力来做出有逻辑的、经过充分分析的决定，那么他会选择走捷径。通常，他会采用启发式原则，这样会减少问题的复杂性，并根据过去的经验快速做出判断[31]。当你的情境感知受损时，这通常是一种很有效的决策方式。然而，像所有的模型一样，启发式可能包含显著的偏差。

一种常见的启发式是可得性启发式，即人们根据他们最容易回忆或想到的事情来判断一个事件是否可能发生。例如，在台湾中华航空事件中，飞行员更容易想到指示器有问题，而不是思考它为什么会显示如此极端的方位数据。启发式使飞行员能够迅速做出判断，但不幸的是，这种判断是不准确的。

近 100 种其他类型的偏见已经被确认和实验验证。但在设计机器人时，这些人类决策的弱点很少被考虑，因为工程师在设计过程中很少考虑人类的心理。因此，新系统很容易触发或放大这些偏见，而不是对它们进行补偿。

另一种对抗这些关于制造"太完美的"机器人的担忧的显而易见的方法就是更好地训练人类自身。按照这种想法，如果操作员能够更好地掌握他们所使用的机器人的信息，像 USS John S. McCain 号军舰这样的灾难就可以避免。但如果这一点还不清楚的话，我们想明确地指出，无论接受多少培训，人类都有基本的局限性和普遍的偏见。更重要的是，随着新的自动化系统不断进入日常生活，我们在设计的时候需要假设一般的消费者没有接受足够的培训。我们将操作自己并不完全了解的工作机器人并与其互动。

机器人不会越来越聪明吗？

我们无法改变人性，但仍然希望更好的技术可以解决技术带来的问题。持这种观点的人认为，只要我们能让自动化变得更智能，或者让机器人变得足够智能，更像人类伙伴一样行动，那么这些问题肯定会消失。当然，这需要制造一个真正的类人机器人，一个能像人一样学习的机器人能读懂我们所有的手势、面部表情和其他暗示，它们能像我们与他人沟通时一样轻松自然地与我们沟通。

坏消息是，即使造出了最像人类、最智能的机器人搭档，问题仍然存在。想想驾驶舱里的飞行员。机器人不可能比真人更像人类了。人类飞行员是精英团队：他们有成千上万小时的飞行经验。然而，73% 的航空事故发生在新飞行员和副机长一起工作的第一天，44% 的事故发生在第一天的第一次飞行中 [32]。原因在于人类无法自动形成默契的合作，即使是训练有素的飞行员，也需要一些与新伙伴一起工作的经验和练习。当他们一起工作时，他们会建立彼此的心理模型，并学会有效地沟通。我们不能指望普通消费者广泛接受操作下一代机器人的培训，也不能指望他们知道如何与机器人互动。我们需要新的方法来设计这些系统，以便让新手能够快速建立自己操作和行为的心理模型。

但如果我们造出具有超人能力的机器人呢？也许超级智能机器人可以比类人机器人更清楚地分析场景，并有权决定谁应该在什么时候做什么。难道这种方法不能使人机团队比人类团队更有能力吗？公平地说，机器人最近已经能够以这种方式与人类合作。

事实上，麻省理工学院的实验室进行了一系列研究，比较"机器人老板"与人类老板的潜在优势[33]。两个人和一个机器人一起收集材料，用乐高积木组装一个结构。乐高组装任务被设计成需要人类和机器人之间的协作，团队的效率取决于谁拿回了哪些部件、以什么顺序拿回了部件，以及谁去设计所搭建的结构。机器人得到了关于人类成员执行任务时各方面表现如何的信息，然后它使用先进的规划技术来优化工作分配并指导人类伙伴。这个案例将与另外两种情况相比较，一种是由一个人完全指导工作，另一种是一个人和一个机器人在三人团队的任务分配上共享权力。

　　结果令人惊讶。首先，至少在这些研究中，人们似乎更喜欢让机器人做所有的决定[34]！这可能是因为机器人显然更擅长这项任务，总体上会做出更好的工作安排；相反，降低机器人在工作决策上的权威会降低团队的效率，同时降低人类与机器人一起工作的愿望。这种对提高机器人智能和决策权威的偏好在其他环境中也得到了证实[35]。

　　然而，这些好处带来的代价高昂，可以说是不可接受的。我们发现，当机器人做出更多决定时，人类团队成员就会失去对伙伴行动的感知。人们对人类和机器伙伴正在做什么以及接下来要做什么感知程度较低。从漫长的航空事故历史中，我们知道，当机器人发生故障时，缺乏情境感知能力会削弱人的接管能力。

　　此外，我们知道，当人类与智能机器人一起工作时，人类实际上需要更多地了解这个系统，而不是更少地了解传统的自动化。原因是机器人是一个独立的，至少是半智能的实体，与用户有着不同的目标和计划。仅仅知道系统处于何种模式是不够的：要想有效地与智能体合作，人类还需要知道机器人试图做什么以及为什么要做这些[36]。即使有最先进的机器人技术，我们仍然看到机器人自主性的提高增加了由于情境感知能力降低而导致的风险和成本。

最后，我们可以想象，如果自动化随着时间的推移而改变其行为，从而根据具体情况或多或少地帮助用户，那么这些困难会变得更糟。物联网使公司可以随时升级你的设备，这使得解决产品中的缺陷和改进它们变得更容易。但当设备的行为被改变或新功能出现时，它也会给用户带来困惑。是的，我们通常可以上网查询或阅读更新通知来了解这些变化，但我们实际上并没有这么做。这个问题已经成为商业无人机运营商论坛上的热门话题，用户担心更新会增加坠毁的风险。特斯拉汽车的自动更新也给司机带来了困惑，甚至造成危险的情况[37]。公司在每次升级时都努力提高安全性，但简单地引入新版本可能会导致新的意想不到的人机交互故障。

我们在新的机器学习技术中也看到了类似的问题，这种技术使机器人能够改变它们对环境或用户的反应。如果机器人随着时间的推移而改变自己的行为，这可能会被证明没有什么帮助，因为用户不得不费神去理解这些变化[38]。

老问题和新挑战

我们从航空和其他安全关键领域几十年的自动化实践中吸取了教训。这些教训的代价是以生命来衡量的。早期证据表明，当我们将新型工作机器人引入城市、道路和家庭时，我们将看到许多相同的挑战。幸运的是，现在我们有一个先发制人的起点来解决这些问题，而不是像我们在航空领域所做的那样，必须从错误中学习。我们拥有理论基础、经验数据和设计原则，这些设计原则可以指导我们设计智能机器，并确保这些机器可以强化而不是放大我们人类的弱点。

这些工作告诉我们，在时间紧迫的情况下，人们在处理复杂的自动化时有基本的局限性，必须有意地设计机器人来克服这些局限性。我们还必须为用户在这些系统存在弱点的地方进行干预做好有效的准备。在可能需要用户干预的任务中，机器人的工作必须被推迟，以允许用户始终参与并保持情境感知——否则他们应该被完全排除在决策之外。在这两者之间很少有有效的方法。此外，情境感知必须包括对自动化模式的健壮理解，这意味着自动化必须使这些模式更清晰。过于复杂的模式会让用户感到困惑。例如，应该尽量减少模式的数量，以便只保留必要的模式。模式之间的转换必须简单明了，以便用户能够直观地理解何时发生模式更改。

这些下一代系统带来的新的问题和挑战，不同于我们以前所面临的任何问题和挑战。我们之前从未有过使用智能机器人系统的经验，这些机器人系统几乎在执行与我们自己完成的任务相同的任务，并与日常人类体验的复杂动态相互作用。迄今为止，关于人机交互的研究只局限于少数操作人员和一两个自动化系统。它们是在由人类精心设计的环境中进行的，比如驾驶舱或控制室。到目前为止，这些系统都是按照既定的规则工作的，而我们的新系统则在不断地更新和学习。这个系统在学习什么，或者行为是如何改变的？这些问题似乎是不可能与人类交流的，因为人类在这些系统上很少或没有接受过正式的培训。

甚至还有另一个问题向我们袭来。到目前为止，我们关于人机交互的研究和见解都假定有一个人类操作员或监管者来管理这项技术，设计师将此作为人类和机器人合作者之间潜在互动的基础。但是，在街道和人行道上、在工作场所和家庭中使用的智能机器人，必然会与许多不是"指定操作者"的人互动。这时该怎么办？

第 4 章

三 体 问 题

从 2016 年开始，一些科技公司开始在旧金山街头推出新的人行道送货机器人。旧金山是一个科技含量非常高的城市，早期采用新技术的比例很高。居民们从当地餐馆订购食物，机器人会送货上门。

一些居民向当地官员发送了机器人霸占人行道的照片[1]，老年人和残疾人对此尤其担心，因为他们觉得在不了解自己需求的机器人旁边行走是不安全的。于是 2017 年 12 月，市政府对居民的公开抗议进行了回应。该市对如何使用机器人做了严格的规定：限制送货机器人的数量——总数不能超过九个，将它们限制在与人互动最少的非居住区，且要求机器人工作时需要有人类对其进行监管。

随着机器人在地面和空中的普及，我们将在城市中的其他地方看到它们的足迹。它们将会穿过我们走过的人行道，驶过我们经过的公路，登上我们乘坐过的电梯，到达我们家门口。尽管我们都会在某个时候使用工作机器人，但大多数时候，当我们与机器人互动时，我们只是旁观者。对于我们在任何一天中遇到的大多数人来说，甚至都是如此。你在上班路上遇到的人，或者在药店收银台与你一起排队等候的人，他们都是你计划外的旁观者，就像你是他们计划外的旁观者一样。当我们彼此接触时，某些准则决定了我们的行为。在本章中，我们将探讨如何规划工作机器人需要准备的最常见的社交互动类型，即当它们不与我们一起工作或不直接为我们工作时，如何向我们传达自己的意图。

心理学家唐纳德·诺曼认为，设计供人们使用的物品有两个基本原则：（1）为用户提供良好的关于产品工作原理的概念（或心理）模型；（2）使事物可见[2]。他把剪刀作为一个基本的例子，因为剪刀在设计和使用之间存在明显的关系。可能你一拿起剪刀，就已经知道如何使用，即使你以前从未见过它。剪刀把手的大小适合手指穿过，当你握住剪刀并移动手指时，刀片会相应地打开和关闭，你可以通过观察很容易地知道如何使用它，不需要任何训练或指导。相反，通常来讲，数字手表的设计就不适合用户，因为用户很难弄清手表上的按钮与手表功能之间的关系。在用户弄清楚如何设置时间之前，需要按下按钮并观察响应，做大量这样的反复试验。电视遥控设备试图通过增加许多带有标签或符号（例如上下箭头）的按钮来指示其功能，但是它们仍然使许多用户感到困惑。

系统设计者必须创建系统的概念模型，也就是说，大多数设计者都希望他们的系统易于使用，但这一期望并不总是能够达到。在系统的物理设计过程中，必须考虑它应该如何运行以及它的约束是什么，然而这样的问题并不总是可以辨别。设计者应该告知用户系统的概念模型，但是许多设计者只会使形成精确模型的过程更加复杂化。图 10 是根据诺曼的作品改编而成的，该图将设计者和用户的概念模型描绘为独立的结构。

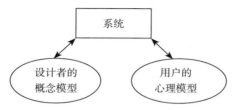

图 10　设计者的概念模型和用户的系统心理模型可以是两个独立的事物。两者都旨在表示系统，但都不是精确的模型。来源：Adapted from Donald Norman, *The Design of Everyday Things* (New York: Doubleday, 1988)

现代机器人系统是人们制造出来的最复杂的系统，该系统可以从观察中以及与环境的交互中学习并自行做出决策。现代机器人在人类、环境和其他技术之间具有复杂的接口，而这些复杂的交互可能导致设计者和用户无法预期的机器人行为。如前一章所述，机器人的使用者，更准确地说，应该被称为机器人的监管者，因为人们期望机器人在一定程度上自主运行，用户只需监视，仅在必要时进行干预。监管者可以与系统进行物理交互，也可以在数百千米之外进行远程监控。尽管如此，机器人系统的用户在某种程度上仍然要对机器人实现目标的过程负责，他们需要一个高质量的机器人系统运行的心理模型来实现这个角色的任务。

在实验室或工厂的受控环境之外，还有另一种独立于设计者和用户的与机器人交互的角色，即旁观者，旁观者与机器人接触但对其没有责任，而且没有直接对其进行控制。旁观者的目标与机器人不同，他们在彼此附近操作，但彼此之间并不合作，他们甚至可能不知道对方的存在。旁观者基于他们与机器人有限的互动建立自己的机器人心理模型，但是这种模型不同于设计者和用户的心理模型，因为旁观者不会以同样的方式来关心机器人的成功管理。物理学中有一个概念叫作三体问题，与重力如何影响大型物体（如行星和太阳）有关：当有两个以上的物体时，若试图计算重力对三个物体的影响，数学公式将变得比只有两个物体时复杂得多。在机器人技术中，我们可以用该术语来指代人机交互中出现的三个参与者的问题。我们不仅需要考虑机器人、用户／监管者，还需要考虑机器人、用户／监管者和旁观者。此时，问题也变得更加复杂。

　　例如，越来越多的安全机器人被部署在公寓大楼、体育赛事现场和社区。它们融合了自动驾驶技术、激光扫描仪、热成像、360 度视频和许多其他传感功能，它们在需要加强安全保障的区域行驶，具备强大的功能，以阻止盗窃、故意破坏或其他安全威胁，并捕获各种数据以增加识别犯罪活动的可能性。监管者可以与远方的一个或多个机器人合作，实时监视收集的数据，并根据观察结果重新部署安全人员。这些用户（或监管者）通过阅读手册和接受培训来建立关于机器人的心理模型。但是，当看到这个不明身份的机器人在人行道上巡逻时，周围的社区居民、商店和企业的顾客一开始会感到惊讶，他们必须依靠短暂的观察来弄清楚它为什么会在那里，并怀疑它是否会碾过他们的脚趾，伤害他们的孩子或宠物，甚至误认为他们是罪犯。2016 年 7 月，一个安全机器人在加利福尼亚帕洛阿尔托的斯坦福购物中心巡逻，撞倒了一个 16 个月大的小孩，然后继续前进[3]。根据制造商的说法，这个小男孩可能对这台看上去很奇怪的机器很感兴趣，于是离开了父母的身边，开始朝机器人跑去，机器人为了避免撞到小男孩而转向了左侧，但小男孩也改变了方向，导致两人相撞。在这种情况下，机器人并没有造成严重的伤害，但有时候情况可能会更糟，例如机器人可能重 300 磅（约 136 千克），高 5 英尺（约 1.5 米）——这对于机器人的成功管理来说是极具挑战性的。孩子被激起兴趣并走向麻烦的过程中，父母甚至可能没有注意到机器人，而机器人对孩子不可预测的动作也没有准备。在这种情况下，机器人最好停下来，而不是改变方向。人类安保人员可能不得不停下来与孩子互动，或者至少知道如何在孩子周围进行操作。难道安全机器人不应该像人类那样，向孩子表现出同样的关注并具备足够的适应能力吗？

与受过培训的用户相比，旁观者没有多少直接接触机器人的经验，所以他们只能以非常有限甚至不准确的心理模型来操作系统。另外，由于他们的目标与机器人的目标不同，因此机器人可能只会分散他们的注意力，并且可能会对他们造成干扰。一般来说，机器人应尽可能减少对旁观者的干扰。当确实发生干扰时，机器人与旁观者之间的协商过程应尽可能快速简便，就像我们在人群中用简单的短语（如"打扰了"）完成沟通一样。我们不需要详细了解人群中的其他人在做什么，或者他们将在哪里绕过其他人。但是我们确实考虑了其他高级信息，例如他们是老人还是孩子，或者正在专注地进行交谈，可能注意不到我们，或者他们手中有沉重或不方便挪动的东西，例如一两杯热咖啡。当我们注意到有关周围其他人的高级信息时，我们会在潜意识中将其纳入行动和决策中。如果有一位老人在我们前面走过，我们会为他让出更多的空间。当我们走进一家商店时，如果有一位推着婴儿车的家长跟在后面，我们会让门开的时间比平时长一点，以帮助他们便捷地通过。我们一直在与其他人交流，而不会彼此交换任何详细信息。

同样，旁观者不需要对机器人的全局计划、意图或推理有详细的了解。我们可以通过人脑中的主动和被动感知系统来对比监管者和旁观者的需求，其中一种是由目标自上而下驱动的，另一种是由刺激自下而上驱动的[4]。作为机器人的队友，监管者需要机器人行为的主动模型，该模型是通过搜索监管者和机器人的共同目标所需的相关信息来构建的。旁观者只需要足够的信息即可发挥自己的作用，以最大限度地减少干扰并协调可能发生的短暂交互。他们没有直接监视机器人的责任，也没有监视穿越道路的行人的责任，也就是说，他们只需要自治系统行为的被动模型，该模型是通过观察和处理系统在实现目标时所需的信息而构建的（图 11）。

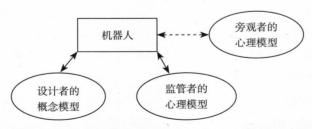

图 11　扩展设计者的概念模型以包含旁观者。旁观者需要机器人行为的被动心理模型，以实现两者的共同目标而互不干扰

例如，你可以快速地瞥一眼街上向你走来的人，然后评估那个人的肢体语言，以确定这个人在与你擦肩而过时是否有可能改变方向。你做这件事时没有意识到这一点，评估就在一瞬间发生。但是如果你注意到那是一个孩子，或者有人拿着一个大包裹，你会自动多让出一点空间让他们安全通过，而并不需要知道该人是谁、要去哪里或为什么要去那里。同样，你无须知道机器人在做什么——为旁观者提供丰富的机器人模型也是不必要的，此外，就认知负担而言，这将付出很高的代价。机器人也不需要确切地知道你在做什么以及为什么。如果有一个爱管闲事的邻居经常在公寓楼的走廊上拦住你，问你要去哪里、走哪条路、出门多长时间以及晚餐打算吃什么，该怎么办？更糟糕的是，如果小区的保安开始问你所有这些问题呢？这些是他们不应该关注的细节。你可能会感到烦恼，甚至惊慌失措，并尽可能少说话，一直默不作声地走着。将来你可能会尽量避免与他们互动。

因此，只需要极少量的线索，就可以让机器人和人在街上安全通行。但是，我们怎样才能为旁观者提供正确的线索来预测机器人的行为，使他们能够利用观察到的有限信息来适当地调整自己的行为呢？我们如何设计机器人来准确地接受人们的暗示，并调整它们的行为以避免冲突呢？这些问题要求我们重新思考机器人的设计。我们必须设计一个人机系统，而不是简单地设计一个自动化系统。

我们总是考虑着身边的人，即生活中的旁观者，他们贯穿于我们决策过程的始终。我们可以帮拎着沉重购物袋的人关上门，保护孩子们冲到街上捡回滚落的球，把座位让给公共汽车上的一位老人。机器人可能永远不会有同情心，尽管在科幻小说中可能有相反的观点。除非我们将同情心编入程序，否则机器人不会表现出人类通过长时间学习才表现出的社会道德和礼貌。不过，机器人可能无须如此完美，看起来这些新的社会实体只要尽最大努力不被人讨厌，就足够了。

举一个简单的例子，在开车时将车并入另一个车道上，我们将这一过程分解为三种情境感知：感知、理解和投射（图12）。首先，感知有关自己汽车的信息（例如速度、位置和加速度）以及周围其他车辆的信息（再次感知速度、位置和加速度，以及车辆的接近度和类型）。然后进行理解。如果离你最近的汽车的驾驶员正在发短信，则说明他可能没有注意到你，并且你会预测他在你并入车道时不会减速。或者你感觉到一辆城市巴士正在逼近，但它后面的空间是开放的，在这种情况下，即使公共汽车前面有足够的空间，你也可以选择延迟并入。当然，与此同时，你也在感知其他细节——关于天气、道路状况，以及除了周围汽车以外的其他交通变化，比如前面亮起的汽车刹车灯。这种隐含的有前后联系的信息通常不包含在设计者为自动驾驶汽车开发的概念模型中，但是对于与道路上的其他实体进行安全交互至关重要。

如果工作机器人在设计时不考虑旁观者，那么当机器人填满我们的道路、人行道和天空时，它们将不仅仅是烦恼——像旧金山人行道上的送货机器人一样，它们将成为危险，其错误可能导致真正的灾难。因此，它们的核心设计必须能容纳旁观者。事实上，正确处理这个问题可能是我们今天面临的最新、最重大的设计挑战。

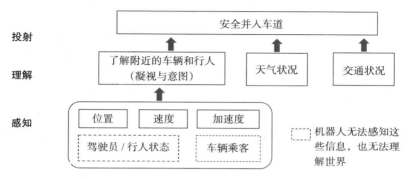

图 12　人类如何感知环境的各个方面，例如另一辆车的位置和司机在车内的状态，然后在理解阶段使用这些信息来了解情况，并最终预测在特定时刻并入另一条车道是否安全

当然，在某些情况下，我们对人类的期望远不止是置身事外。例如，如果你在离开商店时不小心把一些商品弄掉在地上，其他顾客可能会停下来帮你把物品从地上捡起来。停下来帮助你并不能帮助他们更快地到达目的地，事实上，恰恰相反。即使如此，他们也会帮你这个忙，因为他们认为他们可能会再次见到你，而你可能会以某种方式帮到他们。问题是，我们是否也应该尝试开发机器人的这种行为，而不仅仅是让它们远离我们？

我们首先关注的是如何最小化人与机器人之间的干扰这一问题，正确地做到这一点将为更好地实现机器人的社交互动提供坚实的基础。更紧急的是，这可能涉及身体或心理安全问题。

不礼貌的机器人，不礼貌的旁观者

人们可以间接地理解周围人的意图，而无须口头交流。我们停下来让别人说话，或者在经过建筑工人时放慢车速。我们在一天中会有很多次去为不认识的人考虑，没有任何明确的沟通，甚至毫无意识。

在每种情况下，许多微小的线索都可以帮助我们推断他人的意图并传达我们自己的意图。我们与其他驾驶员进行眼神交流，或者当我们沿着人行道行走时听到身后传来一些声音，转身发现这是一位母亲在推着婴儿车，我们会一边走一边给她和她的孩子多让出一些距离。我们多年来一直在学习这些社会规范，却并不总是通过明确的培训。这些社会规范是如此自然地来到我们身边，以至于我们很容易忘记它们是如何影响生活的。但想想看，前往不同的国家，就会有不同的规范，甚至显得我们格格不入。如果你是从美国来东京的，那么每次进入地铁时都要记住应该走右边的楼梯还是左边的楼梯。如果你弄错了，当一大群离开站台的人向你走来时，就会显得你和人群格格不入。

目前还没有设计出能够理解这些社交暗示的机器人。同时，机器人也不会通过这样的暗示来表达自己的意图。如果我们希望机器人和人类旁观者能够理解彼此的意图，就必须制定一些新的规则。这些新规则必须解决机器人心理模型中的如下两个关键性缺陷（反之亦然）：

- 感知差距：我们感知周围其他实体所需的线索和信息的差距。
- 理解和投射差距：解释线索并准确预测他人状态和行为所需的模型和规则的差距。

有两个主要的方法来弥补这些差距：增强机器人的智能，或者以尽量减少干扰的方式设计机器人，从而使人类旁观者能够更有效地协商互动。

设计能理解旁观者的机器人

机器人智能必须通过以下几点进行增强，以使机器人能够在旁观者周围正常工作：

- 对监管者以外的人的行为有更广泛的了解，包括对旁观者的目标、行动和情境的一般理解。
- 能够感知和响应来自人类的微妙、含蓄的提示或明确的指示，以尽可能减少人类与机器人沟通所需的时间和精力。
- 在发生干扰的情况下做出适当反应的能力。

其基本思想是开发出能够更好地理解日常生活中的细微差别的机器人，并且能够从与我们的更少和更短的互动中更有效地学习。机器人专家和人工智能领域的研究人员自然喜欢这种增强机器人智能的方法，所以这个研究领域是一个热点，而且最近在实验室研究中也取得了一些成功[5]。

目前，在医院等工作场所，仍需要准确地告诉助手机器人该做什么和什么时候做。如果机器人的任务很简单，并且时间表可以预测，那么效果就会很好。例如，英国的女王伊丽莎白二世医院雇用了一个每天清洁 20 多万平方英尺地板的机器人[6]，它使用激光扫描仪和超声波探测器导航，如果遇到人，它会说"打扰了，我正在打扫卫生"，并在他周围运转。但这个机器人需要依靠人类操作员来给它制定清洁的初始路线，然后一遍又一遍地沿着同样的路线走。在某些情况下，这种类型的机器人可能会对如何从人身边经过感到困惑，在这个时候，就需要远程的人类监管者介入以直接控制它们。到目前为止，这种方法是普遍可以接受的，但这仅仅是因为目前在医院走廊上工作的机器人相对较少，而且，这些机器人可以被安排在晚上医院里走动的人少的时候工作。医院里的工作人员已经习惯了机器人的行为，因为其行为是固定的：遵循预定义的路线，而人们已经学会了如何提供空间来协助其完成工作。

医院里的其他辅助机器人必须与人更紧密地合作，而且必须更具活力。例如，有些机器人的任务是运送食物、药品或床单。随着新病人的到来或者当前病人换房或出院，它们的工作日程和路线不断变化。我们不能期望护士长除了负责监督其他 7 ~ 15 名护士的常规任务之外，还要直接指挥机器人团队——这太烦琐了。因此，医院工作人员经常拒绝使用这种机器人，因为他们觉得还不如直接安排一个人来做这些工作[7]。但是，如果机器人能够充分了解医院里的每个楼层，直接去帮助护士工作，那么好处将是巨大的。美国医院认证联合委员会发现，80% ~ 90% 的警讯事件（即导致死亡或濒死的事件）是由人为因素造成的，包括认知负荷过重、沟通无效和团队合作失败[8]。

机器人助手甚至可以为护士长的一部分决定提供建议（护士可以接受建议，而不是通过心理计算自行确定最佳行动方案），这样可以减少护士的认知负荷，使其有精力关注机器人不能应对的模棱两可和不确定的情况——这些情况只有经过训练的护士才能处理。

在麻省理工学院的实验室中，我们测试了新的机器学习技术，该技术使医院机器人能够预测医生和护士的来往，以及病人在病房的进展和需求[9]。让机器人只花费几个小时观察现场发生的情况，就可以实现这一点。对于机器人来说，这是一项壮举，因为在管理医院的过程中涉及大量的决策和预测，机器人观察护士如何决定将哪些患者分配到哪些病房，以及将哪些护士分配给哪些患者，并将该信息与相关患者的健康状况数据合并，以预测接下来会发生什么。平均而言，机器人通过学习人的行为方式，进行正例和反例的训练，就可以达到高达 90% 的预测正确率。机器人观察护士在多种不同的情况下采取和不采取的行为，构建影响护士决策的各种因素的假设。

这种性能水平非常令人兴奋，因为这意味着在 90% 的时间里，机器人无须呆呆地站着等待被告知要做什么。即使情况变化很快，机器人也可以了解最困难的工作环境的节奏和流程，并主动提供帮助和服务。但是，当机器人预测错误时，在这剩下来的 10% 的时间里会发生什么呢？

作为 AI 研究人员和开发人员，我们将这些视为有希望实现的进步。但是，我们离设计出像人类一样聪明、敏感、能与旁观者自然互动的机器人还有很长的路要走[10]。人类对周围的人考虑了很多微妙的暗示，甚至在做的过程中并没有意识到这一点。机器人不是为了寻找这些信息而设计的，因此它们的行为会受到影响。

例如，2016 年 2 月，一辆谷歌研发的自动驾驶汽车与一辆公交车的侧面相撞[11]。自动驾驶汽车正确地行驶在车道上，但途中遇到一个沙袋，因此它放慢了速度，开始找机会并入左边的车道。

与此同时，一辆公交车在左车道里，并从后面驶来。中间有足够的空间让自动驾驶汽车并入左车道，若公交车见状开始减速，自动驾驶汽车便可趁机并入。问题是，公交车司机实际上并没有为了让自动驾驶汽车并入车道而减速。

我们都知道，城市公交车司机除了开车之外，还有很多事情要处理：他们要确保所有乘客都交了钱，并且要回答乘客的各种问题，与此同时，还得开往下一站。所以，城市公交车司机通常会在减速和加速之间切换，其他人类司机通常会给它们让出额外的空间。自动驾驶汽车对城市公交车的行为没有这样的理解力，它只是应用了与应对汽车或卡车时相同的逻辑和行为。当然，无论车辆类型如何，在决定是否并入时，自动驾驶汽车都无法读取驾驶员的肢体语言。所以谷歌研发的自动驾驶汽车从侧面撞上了正常行驶的公交车，从而造成两辆车损毁。虽然没有人员受伤，但这是第一次发生无人驾驶汽车交通事故。

机器人无论是在路上还是在其他任何情况下，都不能像人类那样从一生积累的经验中获得启示。原因是机器人不能像人类那样感知和理解世界。机器学习让机器人有机会从大量的"经验"中学习，这是由我们明确给出的数据定义的，但是当需要在各种情境中整合学到的"经验"时，机器人仍然不如我们灵活。与人类相互拥有的模型相比，机器人的模型是非常贫乏的。我们还不清楚机器人在开发关于人类的"旁观者模型"方面能做得多好。

在唐纳德·诺曼的数字手表示例中，他指出用户必须按下按钮并观察发生了什么才能学会如何使用它。用户必须通过一个令人沮丧和耗时的试错过程来了解手表的功能。对于机器人来说，理解人类的行为不可能比理解人类用户了解数字手表这一过程更复杂。机器人与旁观者的互动是简短而多样的，而我们在人类互动中所依赖的社交线索可能非常微妙。学习这些社交经验需要经验和时间，因为它们会随着时间的推移而改变，而且它们会因文化的不同而不同[12]。并且，机器人并不是我们社区的真正成员，所以它们不太可能与人们建立深厚而又融洽的关系，而通过试错让机器人去学习的代价是无法接受的。很明显，要想实现让机器人越来越像人类这一目标，需要权衡成本与效益，而人类日常互动中所有变化和微妙之处的绝对复杂性，使得即使我们在这方面投入巨资，机器人也不太可能有能力理解它们。幸运的是，让机器人更好地理解我们只是解决方案的一种选择。

设计让旁观者理解的机器人

解决方案的另一种选择是通过设计机器人来最大限度地减少干扰，使其可以与旁观者更有效地协商交互。通过以人为中心的方法，我们可以设计旁观者的交互方式，使旁观者可以：

- 了解情况：人类旁观者应能够快速建立或访问机器人如何行动的适当心理模型，以确定是否有必要进行干预。
- 了解如何交流：人类旁观者应能够隐式或显式地与机器人进行沟通，以影响机器人的行为并尽量减少干扰。
- 了解如何应对：人类旁观者应能够根据情况采取适当的行动。

假设机器人总是可以完全理解人类行为的细微差别是愚蠢的。

人们也经常误读对方，但至少我们有丰富的观察和交流手段，可以迅速发现错误并加以纠正。例如，我们可能会在停车时与另一辆车同步停车和启动，我们中的一方或双方对谁拥有优先权感到困惑。最终，我们中的一个会挥手让另一个通过。但是如果另一辆车上没有司机，你会怎么办？设计机器人时必须考虑这些类型的问题，包括旁观者在互动中的影响、他们对事件的理解以及预测差距，即情境感知的三个组成部分。我们已经开发出一些技术来缓解在不可预知的人际互动中遇到的相关困难。例如，由于部分汽车上有"实习"标志，我们可以立即识别道路上的实习司机。我们从中得到提示，需确保眼神交流，使用信号灯，传达我们的意图。我们与机器人的互动需要同样类型的线索。

城市公交车司机可能会看到，右边车道的谷歌自动驾驶汽车为了躲避障碍物而减速。然而，司机可能没有意识到这是一辆自动驾驶汽车，即使他意识到了，他会不会猜到它会很快并入前面的狭窄空间？自动驾驶汽车的行为对公交车司机来说是不可预测的，就像自动驾驶汽车无法理解公交车的减速、加速行为一样。

机器人用什么信号来传达旁观者需要知道的信息（语言、听觉或肢体语言）？如何对机器人说"对不起"？我们与机器人的交流方式不必同人与人之间的交流方式一样。我们不需要自动驾驶汽车中的物理机器人向我们招手，但是确实需要一种新的通信方式，并且需要将它们适当地设计到系统中，以使人和机器人能够相互适应。

设计让旁观者理解的机器人是由许多因素造成的，包括：人们建立理解和信任的速度很慢，旁观者与机器人的互动很简短，机器人的行为方式在新情况下或软件更新时可能无法预测。设计者和监管者可以通过经验和实践建立对系统的理解和信任，但是一个人能在一两分钟内了解到机器人的什么呢？

当我们相信自动化系统会在不确定性或脆弱性的情况下帮助我们实现目标时，我们就会信任自动化系统 [13]。当监管者的目标得到明确定义并与机器人的目标保持一致时，合作就更有可能成功。大量的研究集中在影响监管者对机器人的信任的因素上，目的是设计出人类可以信任的系统，但是他们对系统的信任是有限度的 [14]。

尽管进行了大量的研究，但很难将这些经验融入机器人的设计中。想要获取人类的信任，需要一个很长的过程。在麻省理工学院2017 年的一项研究中，我们观察了一个模拟场景。在这个场景中，一个人必须执行一项独立的任务来控制动态的交通工具（如飞机或汽车）。同时，他还要不断检查环境中是否存在潜在的安全威胁，比如有一个坏人，他可能会引爆汽车炸弹，或者把飞机从天上射下来。在这个场景中，我们提供了一个智能助手来帮助寻找潜在的威胁。该助手并不完美，但如果存在安全威胁的可能性较高，它会试图提醒驾驶员或飞行员，以便采取适当的规避行动 [15]。

想象一下在城市街道上的类似情况。你走着去上班，而机器人在人行道上疾驰。每个机器人都必须决定是否要提醒你，因为它会在你身后悄悄经过。它会做一项计算：人行道有多宽？如果受到惊吓，行人失去平衡的可能性有多大？行人是否会突然向左或向右转向？机器人很多，如果它们对每个行人都进行提醒的话，那就太麻烦了。机器人的计算是不完美的。如果机器人猜到你可能听不到它的声音，也许是因为你戴着耳机，或是它移动得太快，以至于它确定碰撞可能会严重伤害你，它就会大声说："小心！"但大多数时候，它们会发出轻柔的哔哔声，也许会发出一种不刺耳的叮当声，只是为了让你知道要当心。有时，如果它们认为风险较低，就会默默地通过。在本能地知道如何对这些暗示做出反应之前，你需要多少次互动，才能知道是让路还是继续前行，而无须花费太多的精力去思考？我们的研究表明需要 35 到 50 次互动。

即使机器人行为的复杂性只是略有增加，这项任务对人们来说也会变得更加困难。例如，在我们的研究中，当机器人只有两种互动模式——沉默和"小心"警报——时，它们只需要与人类进行 10 到 20 次的互动，就会得到人类的信任。仅仅增加一次额外的交流，人与机器人互动的次数就需要增加一倍左右，然后人们才知道如何最好地应对。例如，他们是否应该立即注意到机器人的警告，停止正在做的事情，靠边站，或者停下来快速扫视一下机器人，收集更多关于机器人的信息。

现在想象一下，每个机器人制造商都设计了独特的警报，有的会发出哔哔声，有的会说话表示危险。若所有机器人都用自己特有的表达方式来提醒旁观者，这对任何一个人来说都太难了。

为了改善你与每天都相见的"队友"之间的互动，可以每天进行 50 次互动。刚开始互动时可能会很慢或很尴尬，但是随着时间的流逝，你们之间会形成一种默契，从而可以正常互动。旁观者没有时间可以浪费，他们可能一天会与数百个机器人进行互动，如果每个机器人的沟通方式或行为方式不同，这就将成为一个问题。对于普通人来说，要学习这些机器人可能表现出的各种行为方式，或对其行为方式做出反应，或找到我们对其行为方式的正确反应，而不仅仅是敷衍了之——要达到这种程度，我们和机器人之间需要进行多少次互动？

今天的机器人对我们来说是陌生的，就像机器人缺乏与我们互动的经验一样，我们也缺乏与机器人互动的经验。我们会在尝试建立对机器人的理解和信任时遇到困难，因为我们没有形成良好的机器人心理模型。在机器人面前，我们会彻底改变自己的行为。这意味着，机器人仅观察人与人之间的互动，然后尽可能表现出"类人"的行为是不够的。

我们从一项研究中学到了这个教训，这项研究是为了更好地理解人类与包含机器人的团队合作时的决策过程，而不只是与人类一起工作[16]。我们首先邀请三人组成的小组进入实验室，并在他们协作将任务分配给小组成员时进行研究，然后在他们协调行动以执行分配的任务时继续对其进行研究。其中一名成员是研究人员，另外两名小组成员对此完全不知情。研究人员的任务是像我们实验室的机器人一样完成工作，花费的时间与机器人完全相同。所有团队成员都被提前告知每个团队成员可以做什么和不能做什么，以及每个人做这些事情需要多长时间（基于初步筛选测试）。当三个人一起工作时，他们非常有效地分配工作，几乎完全平均。然而，当我们用机器人代替研究人员时，团队中的人表现得很奇怪。人类团队成员囤积来自机器人的工作，并试图将他们的工作与机器人的工作分离开来。因此，大多数混合的人机团队执行任务的效率远远低于纯人类团队。在纯人类和人机团队中，成员们可获得完全相同的关于伙伴能力的信息，而且信息是准确的。但是人们不能像对待人类同伴那样，将机器人同伴的信息内化。在我们看来，我们可能永远不会对机器人足够熟悉，也不会完全适应与机器人的互动以及团队协作。机器人从根本上不同于人，甚至与某些动物（例如狗）不同，机器人可能无法像人类一样学习和识别他人的肢体语言。

当我们被告知关于其他人的信息时，比如其他人做得好还是坏，他们是否能在截止日期前完成任务，我们不仅仅是盲目地依赖这些信息。我们会利用所有的感官和经验来批判性地分析得到的数据，并得出自己的结论，即在多大程度上依赖这些信息。有时我们的心理模型是有缺陷的，会导致像前一章提到的那些有据可查的偏见，但更多的时候，心理模型对我们的日常生活还是有帮助的。

但是，尽管我们通过看一眼就能说出很多关于一个人的第一印象，但是不能仅仅通过观察来了解机器人。控制机器人对世界的理解和行为的软件是独立于物理系统设计出来的。软件可以从一个机器人传输到另一个机器人，并且可以在一夜之间完成更新。机器人的形状、设计和个性可以在几代产品之间发生变化，甚至在功能上有巨大的飞跃。历史上，一代机器人的运行时间比人类短得多。你可能每年都会遇到一个新的机器人，它被设计用来完成与之前的机器人相同的任务，可能与之前的机器人只有轻微的不同。相比之下，我们还不能在人与人之间进行大脑转移，也不能一夜之间重新连接一个人的大脑，让他以不同的方式思考、活动。我们的行为与我们在现实世界中的个人经历以及由此产生的偏见紧密相连，这些偏见会影响我们对周围实体的理解，所有这些都使得我们在现实世界互动中的学习更加有意义。

如果没有其他干扰，人们会随着时间的推移而保持行为的一致性。没有理由相信机器人会一直保持这种一致性，那么一个问题是我们如何在机器人身上设计出来这种一致性。让机器人告诉我们它能做什么或不能做什么是不够的，这也不能帮助我们很好地与它合作。为了缩小感知差距，直接给人类提供这些信息，并不意味着这个人可以将信息内化，并就如何与机器人互动做出正确的决定。

缩小差距

我们需要的是一个结构化的设计过程，以缩小感知、理解和投射之间的差距，并使旁观者和机器人之间能够进行有效的协商。

旁观者的目标与机器人的目标不同，他可能并没有考虑到机器人。例如，在旧金山的人行道上，一个行人想高效、安全地到达目的地。送货机器人并没有考虑到行人的心理，因此无法按照这一目标避免对他的干扰。此外，机器人的远程监控人员也不知道旁观者的意图，很难快速收集到这些信息。机器人的远程操作界面视野狭窄，人类面部表情的细微差别很难通过这种方式检测出来。这些挑战表明，仅通过人工监督来解决这些潜在冲突是不够的，设计者需要扩大机器人和监管者的目标，包括采取行动以尽量减少对旁观者的干扰。

行动实际上有两个阶段：做某事（执行），比较发生的事情和你希望发生的事情（评估）。执行是基于目标的，即你的总体意图，或者说在内部将其分解为一系列你认为将实现该总体意图的行动。评估从你对世界的感知开始，而现在世界中包括了机器人，你要根据自己的目标和意图进行评估。换句话说，你观察自己的行动取得了什么成就，并将其与你的意图进行比较，以确定它是否符合期望[17]。

机器人只是我们所接触的物理世界的一部分。然而，它们给旁观者带来了特殊的挑战，使确定正确的行动变得更加困难，从而扩大了唐纳德·诺曼所说的"执行鸿沟"。也就是说，你在与某种设备的交互中想要实现的目标，与为实现目标所需知道的所有步骤之间存在鸿沟。例如，你只想在机器人周围导航，但是要真正绕过机器人，需要采取什么步骤？这种差距就是你在这种情况下面临的执行鸿沟。我们对存在于环境中的大多数物体都建立了心理模型，一般来说，根据我们一生与类似实体的接触经验，我们了解应该如何与这些实体互动。旧金山的居民还没有对人行道机器人的行为有足够的了解，以至于在日常生活中不觉得机器人讨厌。类似地，自动驾驶汽车的意图不为公交车司机所知，从而其不易受公交车司机的影响。

旁观者首先需要知道是否有机器人在场，然后才知道机器人是否会干扰他们的任务，如果会，怎样才能避免冲突。这就造成了相当大的执行鸿沟。诺曼指出，系统的设计应该允许用户尽可能少花精力来弥合这一鸿沟。而对于旁观者来说，要求却更高，需要注意的是，旁观者并没有从与机器人的互动中获得任何东西。为了使系统安全有效地运行，旁观者必须能够几乎毫不费力地理解系统的执行——期望一个人走在人行道上，停下他们正在做的事情，与路过的机器人进行详细的互动或谈判，这是一种失败的做法。这个人很可能会避开讨厌的机器人，或者想办法把它完全移走，比如通过向市长和监事会投诉。

考虑到干扰是不可避免的，让我们看看可以通过哪些潜在的方式来弥合执行鸿沟，从而弥合感知、理解和投射方面的差距，以便旁观者和机器人能够有效互动。

在人类旁观者和机器人之间的所有互动中，人类可能会有几个问题。第一个问题是：机器人会干扰我正在做的事情吗？旁观者的目标与机器人不同，但机器人无论如何都会占据旁观者一定的物理空间。因此，旁观者需要能够预测机器人是否会以任何方式干扰他的目标和计划的行动。

必须通过以人为中心的设计方法来应对这一挑战，在这种方法中，我们设计了与机器人交互的人机界面，以便旁观者能够快速开发或访问适当的被动模型来了解机器人在瞬态交互过程中的行为方式。例如，当机器人检测到路上有人时，或者当它计划急转弯时，可以发出信号，类似于闪光灯。这个信号将帮助旁观者预测机器人的路径，让他们知道机器人是否看到了他们，是否正在规划一条绕过他们的路径。旁观者需要知道机器人会在哪里，什么时候会在那里，需要知道机器人对他们和环境的了解程度，还需要了解机器人的性能，这样他们就可以预测机器人在特定的情况下是否会表现出良好的行为，并判断这是否满足人类的期望。

下一个问题很可能是：如果机器人干扰到我了，我该怎么办？如果机器人和人类的路径即将相交，以至于机器人即将干扰旁观者的行为，此时就需要有一种方式让两者相互沟通，以便及时调整各自的行为，从而减轻干扰对彼此的影响。

这一挑战必须通过机器人智能的联合扩展以及以人为中心的设计方法来解决。在这种设计方法中，机器人的响应应基于以下几点：

- 了解特定情景下人类的行为，包括短期目标和行动。
- 对旁观者的暗示（如特定手势）或明确指示的反应。
- 识别干扰情况并选择安全措施。

人类响应将通过交互界面来通知，该界面支持旁观者的以下感知：

- 机器人识别出可能受到干扰的情况。
- 更改机器人的未来状态、动作和计划，例如更改方向或路径以容纳旁观者。
- 旁观者如何影响机器人的行为。

一旦人类或机器人采取行动去避免干扰，那么双方都需要有能力评估该行动的有效性。通常，评估对人类来说是自然而然的：如果你选择了一种行动方式，但它不起作用，那么下次你很可能会尝试其他方式；如果你所做的工作起作用，那么下次遇到类似情况时，你就会重复这种做法。但是机器人对评估提出了特殊的挑战，诺曼称之为"评估鸿沟"。

在人机交互中，我们很难评估自己的行为，而机器人则更难评估自己的行为——或者说不可能。依靠今天的机器人对人的感知，还不足以完全理解人类行为的微妙之处。机器人不可能"弄清楚"你是否对某次互动感到满意。当你最终绕过机器人继续前行时，你是开心、厌恶还是害怕？机器人不知道。机器人还需要能够根据感知来考虑社会规范。目前，它们无法做到这一点，这些缺陷使它们无法对周围的人及其反应有充分的理解。

只有当机器人能够向旁观者提供可见的反馈，并且我们能够向机器人提供足够的反馈来帮助它们学习时，评估鸿沟才能弥合。我们需要设计一种能够让旁观者快速反应的机器人，建立信任也是弥合这一差距的一部分——进行 35 到 50 次互动来弄清楚如何对机器人做出响应，这并不符合最少尝试的标准。我们需要找到一种让旁观者更容易接受的方法。

旁观者的下一个问题是：机器人的行为会满足我的期望吗？当我们与其他人互动时，我们依赖于一些线索，例如通过眼神交流、简单的语言或其他形式的肢体语言，来判断我们对其行为的期望是否会得到满足。机器人必须能够在与我们交互时提供类似的线索，使我们能够进行心理评估。

这一挑战必须通过以人为中心的设计方法来解决。我们应该能够使用线索来开发或访问一个适当的心理模型，以了解机器人将如何对我们的行为做出反应。这些线索将基于以下内容：

- 识别旁观者对机器人的隐含或明确指示的反馈。
- 机器人对人类行为、动作和情境的理解的指标。

在机器人的设计过程中，明确地弥合执行鸿沟和旁观者的评估鸿沟将有助于缩小机器人与人之间存在的鸿沟，因为机器人会更直接地进入我们的日常生活。

三体问题的灾难性代价

讨论三体问题不仅仅是为了减少麻烦，我们现在才初步看到对这个问题视而不见可能带来的灾难性代价。2017 年 8 月，一个多雨的下午，在密歇根州的塔斯科拉县，一名男子在高速公路上向西行驶时，他的车滑出了车道[18]。他失去了对车辆的控制，越过中心线，撞上了一辆迎面而来的皮卡车。紧急救援人员到达现场后，将他从车中解救出来，他被困多时并受了重伤。同时，请求了一架医疗直升机进行支援，与地面配合，帮助急救人员小心翼翼地将他救出。

当飞行员靠近地面时，他迅速判别出车祸现场的位置，并开始着陆。飞机开始下降，飞行员在扫视过程中，突然余光发现了突发情况——他的心跳加速，中止下降！他差点没发现那个正在靠近的威胁——一架休闲无人机正在车祸现场上空盘旋并录制视频。飞行员紧急调整救援计划并推迟着陆，这导致司机当天晚些时候因伤过世。

飞行员不能继续下降，因为他不能确定无人机要做什么，他也没有办法与它沟通。他只是一个旁观者，无法指挥或预测无人机的行为。

显然，直升机飞行员的目标和无人机操作员的目标并不一致。救援直升机的飞行员想让直升机尽可能安全地降落在离事故地点最近的地方，并且要尽可能快。飞行员并没有考虑将避开无人机作为这个目标的一部分。但机器人的监管者并不知道旁观者的意图，他很难通过遥控界面里的狭窄视野迅速收集到相应的信息。这架无人机的操控者正在查看视频，并操纵无人机以获得更好的拍摄角度，可能还没有注意到无人机上方的救援直升机。

救援直升机飞行员与空中交通管制人员交谈并收听广播，以避免与该地区的载人飞机发生任何冲突。地面上，应急人员为直升机准备了一个降落区域，并将其他人员挡在一边，尽量减少该区域的旁观者。但飞行员并不知道这架休闲无人机的意图，同时也很难对其施加影响。

不幸的是，这不是特例。从 2014 年到 2016 年，联邦航空管理局接到了大约 650 起无人机和其他飞机（包括商用飞机、直升机和消防飞机）之间的未遂事件报告 [19]。无辜的操作员使用这些飞行机器人捕捉视频、与朋友比赛或尝试新功能，但却无意中干扰了重要的活动。

这些无人机如今都是遥控的，自主性很小甚至没有，但它们是矿井里的"金丝雀"。它们预示着一个更大的威胁即将到来，随着空中越来越多的机器人出现，很快，在我们的街道和人行道上也会相继出现机器人。

第 5 章

机器人不一定要可爱

我们倾向于从机器人能带来多少欢乐的角度来看待机器人。我们买 Alexa 不仅是为了播放喜欢的音乐，也是为了给家庭增添特色。我们喜欢 Alexa 预先设定的幽默、笑话和它模仿的动物声音。人们将 Roomba 拟人化，并选择与他们的装饰相融合的智能家居设备。我们给智能设备起名字并定制它们的声音，就仿佛它们是宠物一样。最重要的是：我们希望机器人具有情感关联性，我们希望它们是言听计从的"人"。

相反，今天的机器人通常在设计上特别注重美学和个性。当关于机器人的新闻故事像病毒一样传播时，那是因为机器人被制造得更像人。它们模仿我们的面部表情，表现得很友好，同时，我们也希望它们有个性。事实上，目前各公司将大量的注意力都集中在开发能够吸引用户参与并在情感层面与他们建立起联系的机器人上。开发这些工具的公司可能会觉得，将产品拟人化有助于建立用户对品牌的依恋。有一个全新的技术设计领域被称为用户体验（User eXperience，UX），旨在优化用户在使用系统、产品或服务之前、期间和之后的情绪、态度和反应，对于大多数企业来说，用户体验开发的目标是吸引和留住粉丝。

　　但是随着机器人逐步进入我们的日常生活，我们需要的不仅仅是娱乐。我们越来越不希望它们单纯地取悦我们，我们希望它们帮助我们，我们也需要理解它们。当机器人在车流中穿梭，处理我们的药物，拉动箱子以送出披萨时，我们是否和它们玩得开心其实并不重要。新技术的开发人员将不得不面对日常世界的复杂性，并在产品中设计处理方法。在这些互动中，我们都不可避免地会犯错误，甚至是在生命受到威胁的情况下。只有通过设计适当的人机协作伙伴关系，我们才能识别这些错误并进行弥合。

　　现在大多数消费类电子产品的设计风险相当低。如果你的智能手机坏了，大概率没人会受伤。因此，设计师专注于为最常见的情况提供最佳体验。只有在极少数情况下会出现问题是可以容忍的，并且假设大多数问题可以通过重新启动设备来解决。即使重启设备还是失败了，也许你也能在一个精通技术的朋友的帮助下找到问题的解决方案。大多数消费类技术根本不具备抵御所有可能出现的问题的能力，公司没有必要为防止所有可能出现的问题而去努力。毕竟，用户通常愿意忽略偶尔的软件故障，只要整体体验令人愉快，而且设备比竞争对手提供的更好用。对于要求严格的安全系统来说，情况就不一样了：高速公路上一辆自动驾驶汽车的蓝屏故障，可能会带来着一场灾难性的事故。

　　因此，用户体验的目标是从用户那里引起积极的情感反应，而做到这一点的最佳方法是着眼于系统的设计工艺。为产品赋予

"个性"，使其时尚和游戏化。强调产品品牌，考虑通过收集用户数据或使其很难转为使用其他竞争品牌的产品，使用户能够长期使用当前品牌的产品。然后，在某些时候，停止发送软件和安全更新，当计划中的产品过时，就会迫使用户重新购买新版产品。大多数消费电子产品的最终设计目标是使人们购买更多的电子产品，从而缩短产品版本之间的时间间隔。而且每次购买最新版本的产品后，都要重新开始学习。

对于将在日常生活中遇到越来越多的新型社交机器人的我们来说，这些设计目标是不够的。以第一款汽车娱乐系统宝马 iDrive 为例，宝马在为汽车引入高科技信息娱乐系统的运动中处于最前沿。2002 年，该公司首次推出 iDrive，工程师试图使它变得有趣，但这还不够。正如新一代飞机自动化系统的引入一样，汽车上的首个交互式信息娱乐系统带来了意想不到的安全问题，事实上，其中很多人都将系统的早期版本称为"iCrash"[1]。

第一版 iDrive 十分灵活，用户可以根据自己的喜好定制显示器。大约有 700 个变量供用户自定义或重新配置[2]。想象一下，在红灯前停下来时，修改功能的位置或改变屏幕上按钮的颜色会多么分散注意力，这给用户制造了不必要的麻烦，因为要学习的东西太多了。信息娱乐系统的丰富功能和多种定制方式让人应接不暇，当司机被如何摆弄界面弄得焦头烂额时，他们的注意力就不够集中了，这就会变得十分危险——司机可能错过有关道路标志或其他车辆的转向灯之类的重要提示。这就是为什么用户定制对于至关重要的安全系统来说是个坏主意。相反，设计者需要从一开始就要考虑到安全性，并确定控制装置的最佳设置。在这种情况下，通常需要确保驾驶员更容易使用常用功能，例如不应将用于打开／关闭空调或更改广播电台的按钮隐藏在复杂的菜单选项栏下。

第一版 iDrive 系统的物理布局也有问题。该设计引入了带有数字屏幕和单个控制器（轨迹球）的中央控制架构，但是显示器和控制器在物理上是分开的，屏幕在中央前面板上，控制器在两个前排座位之间的中央控制台上。大多数其他信息娱乐系统要求驾驶员按下显示屏附近或显示屏上的按钮。屏幕和输入设备之间的物理分离造成了一个心理障碍，因为驾驶员必须在一个位置摆弄控制器，在另一个位置观看屏幕。此外，移除物理按钮消除了我们大多数人在自己的汽车上建立起来的肌肉记忆。我们伸手旋转旋钮，把空调风扇关小，甚至眼睛都没有离开马路，这在数字屏幕上是不可能的——司机不得不将视线从道路上移开来调节空调或收音机。

最后，第一版 iDrive 使用了深度菜单结构，这需要用户点击多个菜单选项来访问特定的功能。与将用户想要访问的特定功能隐藏在一系列选项中相比，采用宽菜单将功能分成可以直接访问的单独控件——如旋钮或转盘——会更好。宽菜单设计是大多数驾驶舱的选择，因为它允许飞行员只按下一个按钮就激活特定的功能。飞行员的身体被一整套菜单选项包围着，可以在接到通知的瞬间快速激活其中的任何一个。宽菜单确实需要更多的容纳多个旋钮和转盘的物理空间，并且可能要求用户对系统有更多的了解——这取决于有多少菜单选项。宽菜单看起来可能更复杂，但事实上它们使快速选择选项变得更容易。正如我们将会看到的，工作机器人的正确解决方案通常是两种方法的结合。

在某些方面，新机器人拥有比商业飞机更先进的智能。例如，过去几年来，人工智能和深度学习的进步使得机器人可以像人类一样在森林徒步旅行路线上独立执行搜索和救援任务[3]。但它们实际上只是由机器人和人类组成的新型搜索和救援队的一个组成部分。机器人的能力越来越强，在可预见的未来，我们会看到越来越多的人和机器人一起工作。与此同时，一个只会取悦人的机器人和一个能完成有价值的工作的机器人之间的差距正在扩大。随着这一差距的扩大，安全问题变得越来越重要。虽然信息娱乐系统分散了驾驶员的注意力，但它并不直接控制有关驾驶安全的任何关键方面，我们也不认为它是一个智能系统。但是，随着越来越多的智能、自主技术应用于现代世界里更多的领域，例如操作重型、快速移动和存在潜在危险的设备，将会有更多的冲突出现。对于这些应用，我们不太关心其是否有娱乐功能，我们只希望设计能够确保我们的整体安全，无论我们是使用者还是旁观者。

机器人公司不太可能会放弃使产品产生较大利润的用户体验方法，研究人员需要做出精心设计，在开创人机协作新纪元的同时，仍然要取悦客户。好消息是，这两个目标并不完全矛盾。这里有一个重要的细节，一位著名的团队研究者杰·理查德·哈克曼发现，团队成员是否真正欣赏彼此并不重要：由彼此欣赏的团队成员组成的团队的表现，并不比由彼此不欣赏的团队成员组成的团队的表现好。在团队合作过程中，团队成员的和睦更多地取决于团队是否成功，而不是团队成员是否相互欣赏。这进一步证明，机器人帮助我们成功完成任务比我们是否喜欢机器人队友更重要。我们对机器人产品的总体满意度更多地来自我们在一起工作时所创造的生产力，而不取决于我们对它的情感依恋度[4]。消费者可能会发现一些必要的功能在正常情况下很烦人或令人分心，也许他们有时更愿意忽略这些令人烦心的机器人，回到让他们愉悦的手机上面，开始发短信、阅读或玩游戏。但是一旦这些烦人的功能可以帮助他们完成工作或者控制人行道上出现故障的机器人，他们的态度就会改变。

虽然工作机器人在街道和人行道上运行，但并不意味着我们可以简单地把这个世界变成像飞机驾驶舱一样的东西。我们不是飞行员，也不像飞行员那样接受过训练。因此，工作机器人需要基于用户在日常生活中自然产生的心理模型来设计。为此，设计师仍然可以利用用户体验设计，并将目光投向已在相邻消费产品（如移动设备和汽车标准）中进行的研究。虽然研发人员对用户体验设计目标有着强烈的着迷，甚至专注于取悦用户和旁观者，但即使是这样，仍需弥补对安全性和生产率的关注。

今天的用户体验设计师应该能抓住用户的心，因为他们花了很多时间试图了解用户。他们创建"用户角色"来将用户群体具体化为单一的、有形的人，例如，该技术使设计团队能够与目标受众中的人感同身受，并试图预估他们的需求和偏好（图 13）。他们集思广益，提出了新的概念，由平面设计师确保美学方面的吸引力。他们进行测试，让用户有机会尝试新的设计并给出反馈。测试人员经常看到同一产品的多个版本，设计师和市场研究人员希望找出究竟哪一个可以引起最积极的情绪反应。

无人机操作员和检查员

无人机操作员丹尼喜欢遥控无人机，即使是在他的休息时间。他在周末修理他的私人机群。

他是一名退役海军陆战队员。

我花了大部分时间收集数据，但收集数据只是达到目的的一种手段。

丹尼已经接受了专业培训，并获得了检查和分析设施结构完整性的认证。

他有 5 年的检查员经验，希望不久能接任组长。

图 13 用户角色示例。这款无人机为工业基础设施的检查收集数据，以评估结构完整性

还有更多定量和正式的设计方法。设计人员可能会基于可用性原则采用度量标准，例如，可以由真实用户试用系统[5]。研究人员之后会分析他们与系统的交互，或者由专家评估小组参与并对结果进行评分。在各种情况下对系统进行更彻底的实验将是有益的，从正常的预期使用情况，到高度紧张的情况，只有样本量足够大，才能对系统的有效性得出更加有意义的结论。但是，这类研究通常超出了当今大多数设计团队的预算，此外，他们的相关专业知识也略显不足。因此，这些方法在商业实践中的应用不如在工业应用中广泛。大多数团队都退回到了后备方案：构建人们可能喜欢的产品。

让我们看一下来自 UX 设计领跑者的两个示例。其中之一是卡内基·梅隆大学，该大学拥有全球开设时间最长的人机交互（Human Computer Interface，HCI）硕士学位课程。在聘请了该

专业的许多毕业生并与之互动之后，我们感受到了其实力和影响力。另一个是谷歌，谷歌显然是取悦用户和开发影响我们日常生活的产品的领导者。

用户体验设计过程与对安全至关重要的系统的设计需求之间的差距，一部分可以归因于人机交互设计师的培训。例如，卡内基·梅隆大学在系统的设计和评估方法方面提供了严格而全面的训练。通过交互式设计实验室和项目，学生可以在设计过程中进行实际操作。他们在用户界面、传感器、控制和无处不在的计算（也就是说，计算机技术基本上无处不在，影响深远；它已嵌入日常活动中，成为互联生活中一个不变的功能）方面学习技能和专业知识。他们还要学习计算机编程以掌握原型设计技能，并练习包括冲突管理在内的沟通、写作和基于团队的技能。

但是，人为因素工程和心理学（认知心理学、知觉等）相关的课程为选修课。人们在压力大或不确定的时期建立情境感知和做出决策的基本技能，被认为是次要的、可有可无的，因为主要的焦点是有趣的技术[6]。

即使是在最佳的消费者设计实践中，这种培训差距也很明显。谷歌的一位开发人员发明了一种称为设计冲刺（design sprint）的过程，他后来在一本畅销书中对此进行了描述[7]。在这种迭代方法中，设计师在几天的时间内快速完成端到端的设计过程，他们根据冲刺期间收集的初步结果在下一轮中改进设计。

每次冲刺需要一周时间，包括以下五个阶段，每个阶段持续一天：

1. 地图：营销人员、高级经理、设计师和赞助商聚集在一起，分享关于设计问题的知识（"地图"），设想潜在的解决方案，并确定评估解决方案影响的指标。团队开发了一组"用户角色"，以便在设计过程的剩余环节更好地理解用户的特征。

2. 草图：团队致力于开发具体设计的解决方案的草图。

3. 决定：将草图阶段产生的想法与地图阶段概述的目标、能力、资源和用户进行比较和评估。考虑诸如预算、技术能力、业务驱动因素和用户等问题。一旦早期的概念只有一个或少数个歧义者，小组就会创建一个有关这个想法的细节图谱。

4. 原型：为每个可以被用户测试的想法创建一个快速原型。

5. 测试：最后，邀请六到二十个用户用原型进行游戏测试，测试过程中的反馈用于迭代和改进设计。

在整个过程中，用户兴趣和业务目标是同等重要的。该团队只从一小部分用户那里收集输入，因此很难用统计数据来量化任务性能。对更多的人进行测试将需要更多的时间和更多的成本，当关注上市速度和利润时，时间和成本很重要。这种设计方法倾向于生产用户喜欢的系统，或者他们实际上更喜欢使用的系统。人们会优先考虑商业目标，而不是使人类决策和任务性能最优化[8]。然而，众所周知，用户的偏好是变化无常的，这可能与用户对产品进行的似乎永无止境的更新和"改进"有关。

工业系统的情况不同，在工业系统中，安全是首要目标。在这里，设计师想要弥补人类的弱点，用户体验是次要的。人类心理学贯穿于这些项目的方方面面，这些系统的用户不需要喜欢这些系统，但是他们绝对需要能够在各种各样的场景中安全和可预测地操作系统，尤其是在故障条件下。正如团队研究显示的那样，最终用户喜欢上了他们的机器人队友，因为机器人帮助他们更好地完成了工作。

在这种情况下，设计团队由工程领域的专家组成，致力于改善人与机器之间的关系。他们通过研究人为因素工程学、工程心理学和认知科学，在系统和环境的设计中考虑人的生理和心理特征。这些工程师试图理解专家的决策并分析情境感知，他们想知道人们的认知过程在不同的条件（比如压力和无聊）下是如何变化的，以及直觉和偏见在人类判断中所起的作用。

设计团队研究操作系统涵盖的所有任务，深入每一个细节，包括按钮和表盘的位置和颜色，这些都是为了在操作复杂的自动化系统时优化人类决策和性能而明确设计的。例如，在驾驶舱里，开关应该离飞行员多远并不是随机选择的，而是根据相关研究结果进行建模和有意选择的，因为错误的设计选择可能会导致任务的延迟执行。如果这项任务是时间紧迫的活动的一部分，例如在起飞或着陆时应对发动机故障，那么这种延迟可能是生死攸关的。你能想象，如果飞行员必须朝一个方向去触摸完成这个任务所需的一些开关和按钮，然后再朝另一个方向伸手去完成这项任务，同时还要承受巨大的重力和拯救飞机的压力吗？设计师仔细考虑了这些问题。

这些设计师也非常注重信息的表现方式，让用户能够及时得出正确的结论。例如，在数字驾驶舱中，不再需要模拟显示器，例如刻度盘和磁带，因为现在可以将数值呈现在数字显示器上，就像数字闹钟那样（图 14）。然而，对于飞行员来说，通过观察仪表上的指针移动来了解高度变化的速度，比通过数字显示器观察数字变化要容易得多。移动的指针可以更好地帮助用户感知速度或高度等的方向和变化率，并且易于理解。数字显示器是为必须有精确值的量度保留的，对于这些量度，方向和速率没有那么重要。在正确的时间，以正确的方式向用户提供正确的信息，这不仅仅是一个好的设计问题，而且是一个安全问题。

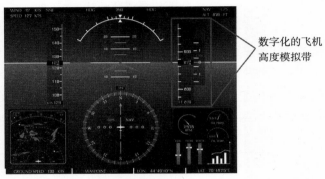

数字化的飞机
高度模拟带

图14　模拟显示器在现代航空公司座舱中转换为数字显示器，以支持飞行员在几乎不需要认知的情况下监测飞机位置和速度的方向和变化率

　　这种精心设计显示器、旋钮和刻度盘的过程，乍看起来可能过于关注细节，对我们即将看到的各种工作机器人似乎都没有用，但这种看法是不正确的。人为因素工程师、工程心理学家和认知科学家为设计协作机器人创造了良好的蓝图，他们经过专门训练来设计人机系统。他们明白，在人类自动化交互中看似很小的因素可能会对一个人的工作能力产生连锁效应。例如，在为士兵设计智能手机应用程序以帮助他们导航未知地形、与队友交流以及规划活动时，这个过程涉及对士兵在执行任务的每一部分时可能需要执行的整套认知和身体任务的详细分析，既适用于常见操作，

也适用于一组全面的错误情况。该应用程序需要实现一些特定的目标，它必须清楚地向士兵提供详细的信息，因此传达这些信息的方式（例如视觉、听觉）很重要。它必须考虑到士兵理解情境、做出决定和采取行动所涉及的身体和认知任务。所有这些都必须通过应用程序中的自动化程序进行优化。这不仅是为了优化士兵与界面菜单和按钮的交互，而且是为了确保士兵在执行任务所需的所有环节中都表现良好。这些士兵在工作时会做出许多关键性的决定，他们十分需要应用程序来帮助他们完成工作，而不在乎"娱乐"因素。

严格分析操作员如何与机器人交互，并了解其对操作员的态势感知、工作负载和性能的潜在影响，这是一项不小的任务。研究人员必须设计详细的评估手段，通过对真实用户的大量实验来评估定量的性能指标。他们必须引入一系列的失败条件，看看它们会如何影响用户的认知负荷，并考察当用户必须进行多任务处理时，他们的注意力是如何分散的。他们收集关于系统性能和人因性能的大量定量数据，对其进行统计分析，然后利用这些数据改进系统设计。

这是一项耗资巨大且耗费大量时间的工作，尤其是当系统像商用客机或控制工厂操作的系统一样复杂时。这部分解释了为什么这些系统的开发和生产成本如此之高。例如，开发一架新型商用客机的成本通常超过 100 亿美元[9]。高昂的成本是由于需要进行大量的设计和评估工作，此外，许多备份和冗余系统必须内置在客机上，以解决设计和开发过程中出现的所有故障情况。另一个隐性成本是对操作人员的培训。但是，若设计的系统将负责几十万人的安全，高成本是物有所值的。这也适用于许多其他类型的情况，例如：在手术室里，医疗机器人必须精确到几乎难以置信的程度才能辅助手术；在工厂里，工人需要能够安全地监控和操作强大而危险的设备；甚至在武器系统中，实现国家目标都取决于这些因素。

因此，在制造安全攸关的工作机器人时，我们面临着一个重大挑战：人们不会像购买飞机那样愿意为一个跑腿机器人支付那么昂贵的费用。在开始使用之前，他们也不愿意接受一万小时的训练。此外，新的工作机器人将在比驾驶舱、手术室或工厂更难控制的环境中工作，这也更不符合传统的安全认证流程。那么，为了处理这种新型人机系统的复杂性，我们在街道和家庭中使用的机器人的制造和测试程序将与标准的工业设计流程有何不同呢？

再说，人类还远远不够完美，那么机器人到底需要多完美呢？例如，我们不期望人们成为完美的司机。马萨诸塞州只要求青少年司机接受 50 小时的教育，随后我们为汽车配备安全技术保障，鼓励谨慎驾驶，并以速度限制和其他规则构建交通环境。我们知道，司机会随着经验的累积而学习和提高，因此我们可以让青少年司机在路上驾驶，并感到很舒服。我们接受一定程度的风险。那么，机器人一旦部署，无论是在我们的街道、工作场所、商场还是其他任何地方，我们应该期待机器人有什么样的可靠性和监督能力？

此外，如何将用户体验方法与其他方法集成，以确保满足用户体验目标、业务目标和安全目标？事实上，即使是工业系统也会受益于混合设计方法。工业机器人符合安全标准，但肯定不会像消费品那样"取悦"用户。它们也能娱乐大众，而不损害安全。或者，甚至能通过娱乐来提高安全性吗？以今天使用的拆弹机器人的用户界面和控件为例，它们在军事应用中效果很好，但通常没有什么特别令人愉快的地方。然而，一家制造炸弹机器人的公司通过引入用户体验概念获得了市场吸引力：它从标准界面转向使用两个游戏风格的手动控制器（如图 15 所示），因为他们发现这些控制器对操作员更直观——操作员也喜欢在空闲时间玩视频游戏[10]。如果以这种方式将用户体验技术与工业系统的设计技术结合起来，也许我们可以从其各自的优势中创造出可以在日常生活中与我们一起工作的高效智能机器人。有时，让用户满意的界面也可以提供更好的性能。

图 15 用于爆炸物处理的 PackBot 用户控件。来源：viper- zero/Shutterstock. com

　　与智能机器人进行交互和与支持自动化的接口（如自动飞行系统）进行交互有本质的区别，因为智能机器人是独立操作的。飞行员和飞机的目标总是一致的，而在街上工作的送货机器人和周围的人的目标可不会如此一致。智能机器人有自己的目标、意图，以及实现这些目标的逻辑。它们的行为可能会随着时间的推移而改变，因为它们在不断学习和更新内存里的人和世界的模型。因此，它们将比其他形式的自动化复杂得多，它们的监管者还必须扩展关于机器人如何工作以及它能做什么的心理模型。

　　军事和民防工业是最早投资使用智能机器人的行业之一。最初的用途包括救灾和炸弹处理，因为这类工作对人们来说往往非常危险。尽管我们才刚刚开始接触人机协作方面，但实验室对智能机器人的扩展使用进行的早期研究，给了我们可以借鉴的经验和教训。其中，有些是我们不得不艰难地重复学习的教训，有些是新的挑战，不同于我们以前所看到的任何东西。

　　机器人挑战赛由美国国防部高级研究计划局（Defense Advanced Research Projects Agency，DARPA）赞助，于 2012 年至 2015 年举行，汇集了世界顶尖机器人研究人员。来自不同大学、研究所、实验室和其他机构的参赛队伍，在部署应对模拟人为灾害和自然灾害的智能机器人方面展开了竞争。在决赛中，麻省理工学院的智能机器人未能从一种模式自然地过渡到另一种模式，因此被淘汰出局。失败的原因是操作员的模式混乱，这是在驾驶舱自动化设计中发现并解决的一种现象[11]。机器人的任务是将车辆开到灾难现场，从车辆中出来，并操作电锯打碎墙壁。麻省理工学院的团队在最后的比赛中一直处于领先地位，直到机器人从车上摔下来。

机器人的智能软件没有按计划从驾驶模式过渡到步行模式，监管者也没有采取适当措施来纠正错误。当机器人从车里站起来的时候，它的右脚继续"猛踩"着地面，好像在踩油门踏板。这个 5 英尺 9 英寸高、330 磅重（约 1.75 米高、150 千克重）的机器人失去平衡，摔倒在地。

麻省理工学院的机器人能够完美地驾驶、行走和锯透墙壁。但每项任务都由不同的操作模式控制。在驾驶模式下，机器人通过关节活动脚踝来踩下车辆的油门踏板。在步行模式下，它移动臀部、膝盖和脚踝以实现步行。在每种模式下，监管者的任务是监控一组不同的参数，以确保机器人正常工作——只用几个"旋钮和表盘"来调整机器人的动作，确保任务成功。这是一种非常常见的自动化设计方法，而且非常有效，可简化机器人和监管者的任务。于是，过渡就变得至关重要。如果机器人或监管者不能在正确的时间自由地在两种模式之间转换，结果可能是不可恢复的灾难性故障。麻省理工学院的机器人可以很好地完成许多任务，但它无法在这些任务之间切换。

在工业系统的设计中，我们可以通过向监管者提供正确的信息来弥补这些缺陷，以支持前文所述的感知、理解和投射三个层次的情境感知。以麻省理工学院的机器人为例，用户看不到机器人处于哪种模式。这带给我们的教训是，如果有关键的过渡点，那么设计师必须确保监管者能够知道过渡何时进行和完成，这需要使用户充分了解模式或过渡点的信息交互。可能只需要简单地按下一个按钮，就可以打开步行模式，让机器人成功地离开车辆，操作员必须要绝对清楚这样的过渡点。对于麻省理工学院的机器人来说，这是一个非常关键的时刻，设计者可能会选择让模式转变为一项由用户发起并由机器人主动监控的特殊设计任务。这种方法至少可以确保用户保持对机器人模式的态势感知。被动地监视一系列模式变化对任何人来说都是一个挑战。但因为我们知道很容易错过模式转换，所以需要在系统设计中给出解决方案。

这种挑战不仅仅是一个接口设计问题，它需要理解人和机器人之间的相互依赖关系。就像任何伙伴关系一样，人与机器人的伙伴关系是通过一系列的动作和反应发展起来的。但是，我们需要明确地为相互依赖进行设计，而不是让相互依赖作为设计的一个不可预见的结果出现 [12]。为了有意地创建这种相互依赖的系统，我们需要关注三种特定的关系：可观察性、可预测性和可指导性 [13]。

可观察性是指使机器人状态的相关方面以及其关于团队、任务和环境的知识对他人可见。这包括机器人的模式、操作限制、目标以及对环境的理解。还有显示方面的考虑，例如何时以及如何向用户传达系统状态。但是也有机器人行为设计方面的考虑，比如系统对自身状态、任务进度以及环境和其他人的背景的全面了解。这些因素会影响系统与用户的通信方式和内容，而将它们整合到系统的界面中是一个设计挑战。但是我们从军事系统的研究中得到的证据表明，这样做是有一定回报的 [14]。

可预测性设计既适用于机器人行为，也适用于机器人的接口。这些接口支持操作员预测机器人将要做什么，然后使用这些信息来确定自己的动作。同样，还有显示方面的考虑——系统如何以及何时向用户传达其推理和预测，以及机器人行为方面的考虑因素，例如系统可以了解其自身的潜在限制以及成功和失败的可能性。

美国陆军研究实验室开发的基于情境感知的智能体透明度（Situation Awareness based Agent Transparency，SAT），是一种使系统可观察和可预测的设计方法，用于指导智能体和人类监管者之间的交互设计。SAT 模型区分了智能代理程序必须传达的关于其自身决策过程的三个独立的模式和类型信息。通过传达这些信息，智能体程序增强了监管者对系统情况的了解，进而促进实现更好的团队合作[15]。

对于级别 1，机器人需要传达其当前状态、目标、意图和建议的操作。对于级别 2，机器人需要传达反应过程，这包括它的总体目标和它对总体场景的认知，这些都建立在它目前所获取的信息和环境中影响和制约它的因素上。最后，对于级别 3，机器人必须传达其对未来的推断和预测，包括它成功完成预期动作的可能性、与完成动作能力有关的任何不确定性，以及它对他人的依赖程度。

可指导性设计包括分析机器人和监管者相互影响的能力。利用工业工程的方法，任务在人和机器人之间分配，并形成相互依赖。随着机器人变得更加智能化，能够独立于人进行感知、决策和行动，这些相互依赖性变得更加复杂，使得我们很难判断一个机器人的行为如何影响另一个机器人。可指导性与实体如何指导彼此的行动，以及如何进行指导有关。

日常物品的设计相对直观，以帮助我们快速理解如何有效地对物品进行操作或使用。换句话说，当我们看到一个物体时，我们便明白了它的用途和使用方法。再想想剪刀的例子：很容易看出如何握住剪刀，以及当我们把剪刀放在手里时，它会为我们做些什么。另一个例子是门把手，很明显，这是你用来拉开门的东西。我们还必须为智能机器人设计自动化设备，这样人们就可以很容易地感知到它们如何有效地影响系统。这些启示将为监管者甚至旁观者提供一些方法，帮助他们快速推断可以采取什么行动来影响机器人，以及他们可以期望机器人做出什么样的反应。所有这些对于为用户提供指导性服务都至关重要。（我们将在第 6 章探讨具有功能可见性的设计。）

我们从军事和工业系统中吸取的教训是有用的，但这些系统与将要投入应用的新型智能机器人之间有一个显著的区别。智能军用机器人的监管者都接受过充分的操作和编程训练，他们还积累了在操作环境中执行任务的丰富经验。拆弹机器人的军事操作人员平均拥有超过 200 小时的使用军用机器人的经验 [16]。麻省理工学院机器人的监管者，在美国国防部高级研究计划局的机器人挑战赛上，自己设计了机器人的智能系统，并在比赛前花了数百小时来操作它——很难比这更专业了！然而，在要求送货机器人把干洗的衣服送出去之前，我们没有时间对每个人进行数百小时的培训。对于许多将与这些系统共享人行道的人来说，根本没有进行任何培训。当我们从为专家设计转向为普通用户设计时，仍然有巨大的差距需要弥合。

现在，无论是在用户体验社区还是在工业系统设计中，还有另一个设计差距没有被完全解决。用户与机器人的交互通常与智能系统的行为和推理分开设计。一个由机器人专家和人工智能专家组成的专门团队致力于机器人智能的设计，但这通常会导致机器人实际上并不理解人类。此外，他们通常只是为了重新构造人类已经擅长的能力，而完全忽视了人类的创造能力。因此，他们创建的系统实际上并没有提升整体性能。用户可能会为机器人设计师没有想到的一部分任务而苦恼，比如注意力分配。人为因素工程师或用户体验团队可以单独为机器人设计最佳的用户界面，但前提是机器人的功能和智能已经设置好。毫无疑问，糟糕的用户界面设计会使智能机器人变得让人难以理解，而优秀的交互设计可以让一个能力较弱的智能机器人发挥最大效用。不过，一旦设定了机器人的行为和推理能力，用户界面设计仅仅是实现机器人智能中已经设计好的功能的一种手段。如果功能本身有问题，那么即使是最好的用户界面也无法弥补这个问题，因为机器人的基本目标是错误的，它真正的效用已经被忽略了。

工程师有着广阔的设计空间来设计一个真正能够与人类合作完成任务的机器人，而不仅仅是能够独立完成任务。当用户和机器人的任务被共同设计时，工程师才会有机会理解机器人的智能是如何有利于更深层次的合作的，从而有机会和人建立真正的伙伴关系。只有把用户和机器人的角色设计成一个整体，我们才能设计出好的人机团队。这样，机器人的能力才可以被设计成辅助人类工作的能力，人类的优点才可以支撑机器人的弱点，这是任何良好的合作关系都必须具备的。

例如，许多自动驾驶汽车被设计成遵循车道标志等线索，因此，用户不必再强调相关驾驶标准。相反，用户应专注于监督机器人的工作，例如提防特殊的车道标志，这可能在施工路段或破损的道路上出现。监管者需要快速获知有关车道的正确信息，并准确知道如何处理车道上出现的任何问题。因此，工程师需要以一种简单的方式设计汽车。在机器人挑战的例子中，机器人专家没有确保监管者能够直观看到模式之间的转换，并在这些时刻进行干预。

我们可以用两种不同的方式来解决这个问题——事实上，我们可以两种方式都使用，它们应该相互结合。一种方法涉及更好的可视化和界面设计，因此监管者能够快速获得信息并做出响应；另一种方法涉及更好的机器人智能设计。如果仅仅使用一种方法，则会导致人机团队绩效不佳。例如，许多研究发现，医院的护士很快就学会忽略护士站不断响起的警报声[17]。单靠用户界面设计无法解决因假警报过多而淹没真实问题的现象。相反，机器需要更有效地处理输入数据——只有十分必要时，机器才会发出警报。

同样，如果人行道机器人在接近行人时不断提醒他们注意，这只会增加每个人的压力。在这种情况下，我们不会对机器人做出适当的反应，而是想忽略它。另一方面，一个能够识别和理解行人重要特征的机器人——无论他们是挂着拐杖走路的老人，还是行为不可预测的孩子——只有在十分必要时才会发出警报，这样做可能会更安全、更有用。这种可能性为设计和开发更积极的人机交互提供了新的机会，这些因素可以在设计过程的早期就予以考虑。我们正处在机器人日益发展的阶段，为人类和这些新的社会实体之间的相互依赖性进行设计的潜在好处，应该成为我们设计的初衷。

当在一个明确定义的、人为设计的、安全因素至关重要的操作环境（例如核电站或飞机驾驶舱）中工作时，必须进行详尽的测试和评估。但是，当环境不能像街道或人行道那样受到严格的控制时，就不可能全面评估引进新机器人可能产生的所有类型的交互作用及其级联效应。最重要的是，机器人不仅要被日常消费者接受，还要让他们开心。与此同时，它必须是可观察的、可预测的，并且可以被受过很少训练的旁观者直接引导。相互依赖的设计要求我们再次根据可观察、可预测和可指导的内容来制定设计决策。我们需要将以用户为中心的用户界面／UX 设计的成功元素融入那些训练有素的用户中，让他们感到愉悦；并且将工业自动化设计的系统关注点也包括在内，从而最小化负面影响（例如安全问题）。

值得重申的是，旁观者的存在提升了设计难度。路人和机器人的目标不同；路人刚开始接触机器人系统时只有简单的心理模型；他们不仅要学习系统如何运作，还要学习如何有效地对系统做出反应——而且必须在很少的间歇和短暂的互动中学习所有这些。

打造优秀的人机团队的第一步是：重新思考设计团队本身应该是什么样的。机器人设计师不再仅仅是掌握机器人机电学和机器人智能的计算机工程方面的专家。仅仅由硬件和软件工程师组成的机器人团队是不够的。对他们来说，仅仅学习他们一直使用的用户体验设计原则是不够的。

我们在 2018 年和 2019 年看到了这一点，标志性事件分别是第一代社交家庭机器人 Kuri 和 Jibo 的衰落。Jibo 是由社交机器人先驱辛西娅·布莱泽尔（Cynthia Brezeal）创建的，但即使在她的指导下，该产品最终还是失败了。它太专注于与用户建立情感联系，而没有找到让 Jibo 真正帮助他们的方法。尽管 Jibo 在人机交互方面取得了新进展，但该公司无法制造出持久而有用的家用机器人。当机器人成为安全关键活动的一部分时，过度关注机器人的情感设计，只会加剧其负面影响。

在这个新的时代，机器人设计师需要将新的专业知识融入人类的方程式中。他们需要了解如何支持用户的任务，人类的决策在不同条件下如何变化，人们有什么偏见，他们如何在各种场景中处理信息，以及人们如何获得他人的信任。

正如设计团队需要改变一样，设计过程也需要改变。人工智能研究人员、机器人专家和用户体验团队之间的传统隔阂需要被打破。他们必须从概念化的角度合作，以便从两个角度构建人机合作关系。

此外，用户体验团队需要扩展他们的方法，结合认知工程和人机系统设计的适当方法，充分考虑如何使用户更容易理解自己的产品。与其将底层机器人智能的设计者与用户界面和"体验"的设计者视为两个相互对立的过程，认为两者之间有很大的区别，不如将它们集成到一个无缝的过程中。设计团队应该根据任务的安全性、机器人的自主性、用户的技能以及时间和预算限制，为给定的问题选择合适的设计方法。

尽管对于大多数消费品来说，用户交互通常主要是从用户界面显示的角度来考虑的，但事实上，用户交互是这些系统的关键组成部分，应该给予更多的关注。当机器人行为与用户交互被共同设计时，就有更多的机会来设计合适的人机协作关系。单独的用户界面为设计人员提供了一组重要的选项，可以促进良好的人机协作，但仅凭用户界面的话，选项的数量就十分有限。例如，用户界面设计者可能会决定人行道上的送货机器人在接近行人时，是使用特定的听觉信号还是视觉指示器（如闪光灯）。但是，仅仅关注显示器，并不能让设计者确保机器人应对行人的潜在逻辑是合理的。行人对听觉或视觉指示器没有反应怎么办？机器人应该继续缓慢前进（尝试用肢体语言进行交流）还是应该停下来？如果简单地将机器人编程为停留在某个位置，则它每天可能会卡死很多次。实际上，它可能永远无法移动，因为周围行人的来回走动总是会触发这种反应。 这可能有点夸张，但表明了在试图建立适当的人机协作关系时涉及的设计问题的复杂性。我们喜欢用冰山模型来表示用户界面和系统设计的其他部分之间的关系。界面只是系统的一小部分，就像冰山一角，它恰好位于表面之上，因为它对消费者和整个产品设计团队来说都是如此明显。但实际上是机器人的智能和整个系统的设计构成了冰山表面下的大部分结构。

　　以人为中心的机器人智能设计过程开辟了更多的选择。例如，机器人可以被编程来区分它所接近的不同类型的人，以便选择一种合适的通信方法来与其进行交互。例如，也许它会以不同的方式与儿童和成人交流。或者，在决定采取什么行动之前，它可能会考虑典型的人类行为模式。简而言之，机器人智能的开发通常是由机器人专家完成的设计活动，但是在评估机器人决策过程中的决策算法、约束和用户交互点时，还需要用户体验设计专家和认知工程专家的参与。

　　强有效的设计过程将从考虑机器人和用户／监管者之间，以及机器人和旁观者之间的可观察性、可预测性和可指导性的需求开始。这意味着需要专门为作为机器人系统固有部分的相互依赖性进行设计。几乎不需要事后再依靠 UI 设计来支持机器人系统的整体性能，整个设计将与用户界面设计一起进行，以使机器人能够与人协同工作，从而可以将二者的目标无缝衔接（图 16）。再举一个人行道送货机器人的例子，假设混合设计团队已确定该机器人将在行人的移动中产生混乱。团队成员一致认为，需要有一种方法让用户帮助机器人摆脱困境。也许会利用远程操作功能，当机器人被卡住时，操作员可以从远程控制中心为其提供帮助。从这个控制中心，操作员可以监控一部分机器人，并在它们在城市里工作时根据需要提供帮助。或者，这些机器人能够自己判断何时陷入困境，并向控制中心发出求救信号。此时，操作员可以控制并远程引导机器人脱离混乱状态。

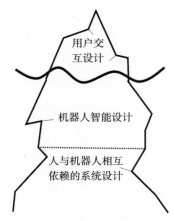

图 16　用户体验和人为因素往往集中在用户界面的设计和实现上。然而，当用户体验设计工作与用户界面分离时，实现有效的人机协作的机会是有限的。人的因素应该从一开始就被认为是机器人智能基础设计的基本要素，机器人、用户/监管者和旁观者之间的相互依赖性需要更深入地嵌入系统中

第5章　机器人不一定要可爱

　　当你从一开始就以人和机器人之间的相互依赖性为出发点设计系统时，这种类型的设计机会就会浮现出来。显然，还需要注意交互设计，UI 显示将支持此设计选项。但如果只关注用户体验，就永远不会发现这样的设计方式。类似地，在我们假设的例子中，这样的过程可以帮助团队发现他们原本不会考虑的新的机器人智能（在某种情况下，检测何时卡住并向远程操作员求救的能力）。这些发现可能对机器人在城市街道上独立生存以及成功完成任务产生至关重要的影响。

　　在实践中，协同设计过程是什么样的？它很可能将典型的 UX 阶段作为框架，从冰山的底部开始并逐步发展。UI 设计活动将在团队成员确定需求时触发，特别是在设计相互依赖关系时触发。这个想法是使用一种迭代的方法，在这种方法中，设计人员使用高级概念，然后进行任务设计和越来越详细的原型设计，从而在整个过程中评估其影响和性能。该过程优先考虑参与式设计，在设计师不断为用户带来更高保真度的概念和原型时，他们会不断向用户学习，并对机器人、用户和旁观者之间的相互依赖关系形成更细致的理解[18]。

　　这个过程是从设计机器人、用户 / 监管者和旁观者之间的任务分配开始。在这一阶段，考虑人们如何失去或保持情境感知是关键。这里的目标是确保机器人的决策和行动具有足够的可观察性、可预测性和可指导性。为了实现这一点，产品开发团队必须对用户的潜在心理和机器人智能的整个设计空间有全面的了解。在我们假设的例子中，团队需要知道机器人是否会在拥挤的情况下挣扎，太多人在机器人周围移动是否会导致机器人瘫痪。UX 团队不知道如何设计出解决此漏洞的解决方案。同样，机器人专家可能已经努力设计出来了能够处理这些挑战性情况的决策算法，但可能没有想到机器人周围的人或指挥中心的人可以帮助机器人摆脱困境。只有将二者结合起来，设计团队才能打造出真正成功的人机协作关系。

从敏捷软件开发的趋势来看，它优先考虑了协作开发团队的能力和灵活性。我们已经了解在系统设计和开发的早期进行原型设计，以及在随后的过程中进行原型测试的必要性[19]。可以在此处应用相同的策略，这样团队就可以尽早开始整合他们对人机协作关系的想法，并在进行过程中不断完善。这类似于 Google 的设计冲刺，但同时包括冰山模型中较底层的开发活动。因为无法预测人们对复杂问题的不同假设解决方案的反应，所以这一点非常关键。唯一正确的方法是在整个设计过程中用真人来进行测试。当然，随着机器人变得更具有自主行动的能力，我们评估人类绩效的方式也将不断发展。

迭代的"设计、原型、测试"周期对于设计人机协作关系是有价值的，但是需要扩展相关方法。典型的 UX 测试和评估侧重于衡量用户的情感反应——他们是否高兴——而不是总体性能影响。此外，用户体验往往是渐进式的，与以前的技术相比，它能以微小的方式改进用户体验，但不需要对系统进行更全面的安全评估，也不需要考虑更彻底的改进。这对消费类产品是有效的，当死机或蓝屏出现时，可以简单地执行重新启动。但这对机器人来说还不够好。仅仅使用反馈机制来收集有关用户是否喜欢新机器人的定性反馈是不够的，还必须对人的反应进行衡量，而且可以做得足够好。人类的行为是可预测的，并且是可测量的。人类与任何产品的交互最终都会产生系统性的反应，并在统计数据上显示出较为明显的趋势，但前提是要有足够的用户参与评估。这些趋势源于人类的心理和文化规范。我们可以设计迭代测试来评估机器人在人机协作中的表现，我们可以利用收集到的数据来找出需要调整的设计方向，以建立一种对每个参与者都适用的协作关系。

同样，可用性测试通常仅限于一小部分场景，且通常是在正常情况下进行的。但是，就像在人与人之间的关系中一样，在人与机器之间的关系中，信任和相互依赖性仅在存在压力和不确定性（在设计中的系统外部发生的事件中）时才能得到真正的考量和验证。未来的机器人必须在各种场景下进行测试，包括故障或其他极端环境条件下，例如在外部实体造成了事故的条件下。只有更全面地了解这些极端条件下的情况，我们才能真正提供有效的相互依赖关系。

因此，我们把这些都放在一起进行考量。下面，我们来看看如何从头到尾详细地考虑一个工作机器人的设计过程。我们现在已经很清楚，第一步是了解与机器人进行交互的用户和旁观者。

用户研究：我们从用户研究开始，了解可能与系统交互的各种类型的人，包括用户 / 监管者和旁观者。在与用户预期的系统交互相关的情况下，可以使用上下文查询（一个特定的过程，参见其他研究人员已经详细概述的步骤[20]）等方法对用户进行访问，最好还可以对用户进行观察。通过观察用户执行你想要自动化完成的任务，可以发现问题，并激发你的洞察力，从而得出解决方案，这将有助于人机协作。用户在手动执行任务时可能会采取许多步骤，这是他们的第二天性。这些可能包括变通的办法、低效的步骤和完成工作的创新方法。人们通常不会意识到他们走的捷径，所以仅仅去询问他们的解决过程，实际上可能并不会得出结论。只有通过直接观察，并研究他们的工作是如何完成的，这些相关因素才能被识别出来，从而融入人机协作中。

然后，我们为用户／监管者和旁观者开发用户角色。在角色中包含旁观者的原因是尽量减少机器人在执行任务时对他们的干扰。设计团队必须试图理解用户和旁观者的目标和约束，检查与其独立任务相关联的动态过程，并假设他们与系统的潜在交互。分析应该包括探索在不同的条件下人类的表现会如何变化。例如，不同的用户对机器人的认知程度会有所不同，或者他们的工作量可能会有所不同。系统出现错误时他们会怎么做？这需要针对特定的应用程序、任务和子任务进行具体问题具体分析。

人机交互设计：一旦用户和旁观者被很好地理解和建模，整个人机协作关系的设计就可以开始了。团队可以从设计机器人和与之互动的人之间的整体工作流程系统开始。但这不只是一切进展顺利时的工作流程，还是在遇到麻烦时优化工作路径的方法。因此，这也是在情境调查和任务分析阶段开发的模型发挥作用的地方。从这个过程中收集的数据可以用来识别纯人类团队执行任务时遇到的问题，这些都是最需要机器人协助的领域。有了对研究过程的了解，设计师可以将注意力集中在开发一种机器人上，这种机器人可以帮助人类避免这些故障，以减轻人类的工作量，或者填补棘手的空白。由此产生的模型可以用来评估机器人的行为将如何补充或改变人类的决策和工作流程（图 17）。实际上，在以后的迭代中，将对其他类型的故障进行检查，包括机器人的理解、机器人的操作或人类对机器人系统的理解中存在的错误。

无人机监督者角色

主要目标	**两种模式**
• 进入室内不安全的地方并收集整个空间的图像，以便可以进行结构完整性分析。	• 飞往某个地点收集数据。 • 自主保持稳定，以便收集图像。
输出	**挑战**
• 覆盖所检测对象表面的所有高分辨率图片。 • 室壁厚度。 • 所有已识别缺陷的测量和定位。	• 湿热环境。 • 杂乱的空间，有各种障碍物（例如柱子）。 • 在广阔的空间里容易迷路。

图 17　用于室内工业检测的部分自主无人机的机器人角色示例。对机器人角色的描述将有助于整个工程团队记住关键的设计要点

　　为了简化机器人行为的初步设计，在此过程中，我们开发了机器人角色。我们知道人们倾向于将与之交互的机器人拟人化，因此，我们必须通过明确地设计机器人角色来设定目标，并设计机器人来校准我们人类的期望。开发用户角色是为了帮助设计团队与用户群体感同身受，机器人角色可以为设计团队提供关于人机协作关系的另一半期望，这个角色将使机器人专家能够在机器人软件开发过程中保持人与机器人的协作关系。

　　设计团队应该使用基于情境感知的智能体透明模型和相互依赖的三个要求（可观察性、可预测性和可指导性）来设计机器人角色和模拟机器人的任务。所有这些都为以机器人为中心的设计工作奠定了基础，从而形成有效的人机协作关系。

决策、原型和测试：前面的两个步骤为迭代设计和测试周期奠定了基础。在这里，需要扩展经典的 UI 原型设计和测试方法，以优先处理机器人与人之间的相互依赖关系。机器人行为的各种选择都源于相互依赖的总体框架。而且，这些设计方法必须在比当今设计过程中更典型的场景中进行测试，如故障或极端环境（例如事故）。其中一些事故可能是由外部实体引起的，目标是在这些关键时刻保持最佳的人机交互性。在有压力或出现异常的情况下，人们对机器人的信任度可能会下降，就像人与人之间的关系一样，相互依赖性可能会受到考验。因此，在这个时刻，人类必须清楚地知道机器人能够做什么，它将如何做，以及人类必须做什么才能带来最好的结果。

在此阶段，设计人员可以借鉴大量的 UX 和人为因素方法。下面我们总结了当前在消费产品和工业系统中使用的两类方法。

1. **通过专家分析预测用户对设计概念的响应**。在这种方法中，专家将评估机器人系统满足用户需求的能力。此方法涉及使用启发式设计原理来指导系统各种功能的设计，例如反馈的正确级别和时间，以及通过菜单进行的有效导航。专家评估人员会提出一些问题，然后尝试回答这些问题，例如"用户是否会尝试获得正确的结果？"[21] 他们可能会使用危害分析技术来确定系统可能如何发生故障，并确保设计人员通过将解决方案设计成机器人或用户的工作流程模式，从而清除这些故障。另一种方法称为 GOMS（Goals, Operators, Methods, and Selection），GOMS 旨在对人类信息处理的关键方面进行建模，以分析一个人可能需要多长时间才能做出决策[22]。最后，一系列认知建模技术旨在模拟人类认知过程将如何影响系统，这些技术可能涉及存在于现实世界的精确的解决方案和任务原型 [23]。

2. 使用原型时对用户行为的观察。完美地预测用户对人机协作中任何给定功能的反应是不可能的。因此，我们可以结合可测试人类反应的众多方法所得到的测试结果来改进设计。这些方法通常涉及在与原型或系统的实际交互中记录用户行为和系统性能。数据可以从一系列的相互作用中收集，参与测试的用户可能会被带到实验室尝试不同的选项，或者在系统的实时部署（beta 测试）期间收集有关使用情况的数据。当用户被带到实验室试用原型时，可能会要求他们在执行所需任务时提供反馈或"大声思考"。在"大声思考"情形中，要求用户大声说出在与系统交互过程中的想法和所做的事情，这些通常会被记录下来以备以后分析 [24]。系统上线后，评估就可以继续。类似谷歌分析（Google Analytics）的工具可以用来跟踪系统的使用情况和用户遇到的问题，这些工具可以为未来的功能或软件升级提供有价值的信息 [25]。

不同评估方案的费用可能会有很大的差异。虽然一些成本较高的评估方法适用于复杂工业应用的设计，但它们可能并不适用于所有消费型系统。但是，这并不是放弃对正在发展的人机协作关系进行评估的借口。鉴于备选方案的范围及其对早期设计、原型和现场系统的适用性，开发人员应该能够选择适合其产品的方法。事实上，不参与评估也同样可能会因为系统投入使用时出现问题而付出高昂的代价。

我们有机会应用这种统一的方法来设计新的无人机系统，用于检查危险的室内环境。其他无人机开发人员正在应用经典的方法：一个团队设计无人机的功能，另一个团队设计用于控制无人机的用户界面。应用我们的混合设计方法会使机器人智能和人机交互的设计与我们以前所做的截然不同。与传统方法相比，新设计为用户提供了更大的便利。

例如，我们发现用户最感兴趣的是获取有关室内环境的数据，据此他们可以确定是否存在对结构完整性的妥协。他们对操控无人机不感兴趣，他们只是想要数据。然而，实现完全自主的无人机对该行业来说仍然遥不可及。因此，我们想出了一种替代方法，在填补机器人能力空白的同时，实现用户的期望。用户希望该系统像杆子上的摄像头一样工作，因此我们可以设计一个系统，让无人机在一段时间内保持一个位置，而无须任何人为控制。我们将这种模式称为"自主定位模式"，并设计出一种工作流程，允许用户在操纵无人机（在室内环境中导航并找到特定位置）和保持位置（在这种新的定位模式下）之间切换。这种设计允许用户在收集数据时完全不用手持无人机控制装置，只需平移和缩放相机即可拍摄出清晰的照片。我们没有试图实现完全自主飞行或完全远程操作，而是想出了一种新的方法。

这样一来，我们避免了将笨拙的机器人引入我们的世界——没人知道如何使用那些呆板的机器。相反，我们创造了与用户无缝衔接的机器人，能够应对世界向机器人提出的所有挑战。

第 6 章

如何对机器人说"打扰了"？

你如何说服机器人为你提供想要的东西？关于说服人的艺术，已经有无数本书给出了介绍。但人是有自由意志的，那为什么我们还需要说服机器人？它们会完全按照我们的吩咐的那样去做事情吗？

新的智能机器人的学习能力和适应能力都与人类十分相似，它们的行为是不断变化的。这是一件好事，因为更聪明的机器人可以为我们做更多的事情。但是，预测如何影响智能机器人的行为也比简单机器人的情况困难得多。就像人类一样，为了弄清机器人在任何特定时刻的行为并对其进行控制，我们需要了解机器人的想法及其行为方式。机器人的设计将决定我们能否获得这种基本的理解。所以问题是，我们如何设计人们能够直观理解和能够对其产生影响的机器人？

每个产品，无论多么复杂，都必须有办法让用户知道如何使用它。这是前面所提到的观点，并且用户注意事项与使用方式之间的映射越清晰，效果越好。从历史上看，功能可见性被认为是设备外观的特征，主要为其功能或用途提供使用线索。例如，门把手帮助用户知晓如何开门，铰链对面的大金属板让你知道往哪里推，大的垂直手柄让你知道往哪里拉。随着数字系统进入我们的日常生活，功能可见性被扩展到其他物理特征，如按钮的形状、开关的位置以及数字显示等，例如图标和菜单。遥控器上的音量增大和减小按钮具有向上和向下的箭头形状，这是有原因的——它清楚地显示哪个箭头能增大音量，哪个箭头能减小音量。

　　机器人也有功能可见性，但是为自动化设计合适的功能可见性并不像选择和显示一组静态选项来与系统交互那样简单。协作机器人是一个独立的智能体，它与人非常相似，会根据情况改变对用户输入的响应方式。一种情况下的指令可能与另一种情况下的相同指令不同。即使像 Roomba 这样简单的机器人也应用了这一原理，例如按下大圆形按钮会产生不同的效果，这取决于 Roomba 是停在地毯上对接着电源，还是电池电量不足。与其他类型的设备相比，自动化设备必须提供更多的选择，因为我们不只是在单一类型的情况下与它们互动。由于现在有了更复杂的用户界面，甚至可能还有语音或手势控制，所以功能可见性不仅限于物理形式。设计人员必须使所有这些对用户以及许多情况下的旁观者透明，以便与机器人交互的人能够在大多数情况下预测机器人的行为。功能可见性必须为我们提供如何与系统互动的线索，也就是说，必须以某种方式塑造我们关于机器人如何思考、如何行动以及如何回应人类互动的心理模型。所有这些都必须在你有机会直接观察机器人在特定情况下的行为之前发生。旁观者必须知道如何与一种他们从未见过的机器人互动，并且必须知道如何直观、快速地做到这一点。

　　我们对他人的思考和行为的理解大多是隐含的，即使没有进行有意识的思考，我们也能形成自己的理解和判断。例如，当你在超市收银台将购买的商品拿到传送带上时，自然会注意到在你前面付钱的那个人：他断了一条腿，拄着拐杖，他掏出钱包时，掉了车钥匙。你很可能会一句话也不说就帮他把钥匙捡了起来，只是在他感谢你之后说了一句简短的"不客气"。打上石膏的腿和拐杖是一种启示，它可以快速提示你他的身体存在局限性，让你清楚地知道他不能弯腰捡起掉在地上的钥匙。他也没有必要明确地去寻求帮助。

　　如前所述，在工业应用中，操作员在实际开始使用自动化系统之前，为了了解自动化系统，需要接受数百小时甚至数千小时的培训，但在使用即将出现在我们生活中的各种机器人之前，街上的普通人不会接受任何训练。为了应对这一挑战，设计人员需要设计辅助功能，并使它们简单直观地完成一些工作。为此，一种方法是考虑那些指导我们如何与人互动的规范，并找出这些规范在设计工作机器人时能为我们提供什么帮助。但是我们现有的心理模型中哪一个最适合智能机器人呢？而又有哪些心理模型需要从头学起？

　　我们的研究已经确定了两种需要不同类型的自动化功能可见性的情况。第一种情况下，时间是至关重要的，需要人类或机器人采取快速行动来避免或应对安全风险。在这些情况下，自动化功能可见性对人类用户或旁观者必须是直观的。第二种是人类有时间和动机与机器人互动，一起排除故障、解决问题。在这些情况下，功能可见性必须支持更多的协商互动。

说同样的语言

如果男人来自火星，女人来自金星，那么今天的机器人来自黑洞。它们的思维方式与人类不同，行为方式也与人类不同，这可能需要费尽心思来想出如何让它们做你想让它们做的事。当今一些最先进的人工智能系统的决策对于那些系统的设计者来说仍然是一个谜。机器学习使机器人可以开发自己的内部数学表示，以将其视为输入的内容与其作为输出生成的内容相关联。为了理解这个世界，我们使用关于因果的常识。许多现代人工智能系统并没有做到这一点：它们将一切归结为相关性[1]。这些系统只是使用我们称之为机器学习的方法，将输入映射到输出，但有许多不同的方法来实现这种映射。在这些可能的映射中，只有某些映射捕获了我们用来理解世界的因果关系。问题在于，人们很难检查机器学习系统的输出并弄清机器是在学习虚假关联还是发现了新的重要联系。问题变得更加复杂，因为许多最广泛使用的机器学习模型——包括人工神经网络——对训练有素的开发人员来说都没有意义[2]。因此，尽管开发人员可能能够证明系统的性能，例如，对情况或物体进行分类，或预测结果等方面的性能——这对于特定任务是可以接受的，但开发人员不会知道为什么系统会做出这样的决定，也不知道人工智能的"推理"是否以任何有意义的方式与人类对同一问题的推理相对应。即使是简单的基于规则的自动化系统，系统的逻辑完全由程序员决定，我们也常常难以理解如何与系统交互以实现我们的目标。想想把你的洗衣机设置成在一天的某个时候启动是多么具有挑战性，或者想一下设置一个由手机控制的家庭扬声器系统需要多少步骤。

　　总的来说，只要我们有足够的时间通过试错来学习一个设备能做什么、不能做什么，我们就能让工作正常进行。但是，当你需要的是让机器人立即按照你的指示去做一些事情，而你却没有时间思考如何将你的请求翻译成机器人语言的时候，那又该怎么办呢？

　　通常，当人类需要与机器人系统互动时，实际上几乎没有时间参与互动并发出命令。因此，在许多情况下，功能可见性需要支持机器人行为的快速反应和重定向。假设机器人在医院走廊里嗡嗡叫着为紧急情况送药，而此时护士正推着躺着病人的担架转弯，如果即将相撞，那么护士需要一种方法让机器人快速停下来，例如，在它撞上病人之前大喊"停"。在这些需要注意安全的关键时刻，用户和旁观者需要能够以自然的方式与其进行交互。

　　当有什么东西将要撞到病人身上时，大喊"停"是一种本能的反应。这种情况会触发一个认知过程，这一认知过程会对机器人做出正确的反应。换句话说，对机器人的正确指令，应该与护士本能地命令其他将要撞上担架的东西的命令相同。机器人的自动化功能必须与心理学家丹尼尔·卡尼曼（Daniel Kahneman）所说的"快速思考"相协调[3]。在这种紧急情况下，快速思考是我们最自然的反应，也是一种本能和无意识的反应。当汽车在高速公路上意外进入你的车道时，或者当你的名字在人群中被叫到时，你会转头，尽管你没有意识到自己在听——这是本能的。卡尼曼将这种本能与更具分析性、逻辑性的"慢速思考"进行了对比。大脑在紧急情况下使用快速思考，因为我们天生就会对这种情况做出快速反应。我们将环境中的情况与无意识思考的有效行动相匹配。在这些时刻，我们没有时间经历回想我们能够与特定机器人通信的各种方式的缓慢过程，也没有时间按下控制面板上的一堆按钮。一旦看到潜在的危险，我们就需要以一种有效影响机器人的方式做出反应。对于这些任务，机器人有责任理解和回应人类的语言。

在很大程度上，我们已经为日常生活中使用的东西设计了符合社交规范的指示。当其他汽车驶过你所在的车道，并且离你的汽车太近时，你会鸣笛。当骑自行车的人从后面接近行人时，他们会按铃。如果你看到有人要过马路，而他似乎没有注意到有汽车驶近，你会大喊"当心"。这些完善的沟通策略使我们能够快速思考并做出快速反应。

未来的机器人需要知道汽车鸣笛是什么意思，以及自行车铃声是什么意思。它们必须理解人类的语言和非语言。要求人类抹除几十年甚至几百年来形成的根深蒂固的规范是不现实的，而机器人需要在各种情况下了解所有这些规范。例如，如果喇叭声是从你前面的汽车发出的，那么你的反应要与喇叭声来自你后面的汽车时不同。如果听到"小心"，你会立刻停下来，然后环顾四周，判断你是否是被提醒的那个人。如果有人在你从人行道上即将准备穿过马路时喊"停下"，你可能会后退，而不是继续向前走。

直觉帮助我们无意识地将这些警告音和警告语与安全行为相关联。机器人需要被设计成能以同样的直觉和快速思维模式工作。它们需要知道如何向我们提供与他人相同的提示，并且需要遵循与我们相同或更好的防故障措施。为了让机器人真正成为我们身边中的社会实体，它们需要以可预测的方式行事，这样我们就知道如何影响它们的行为。

如果我们做得不对会发生什么？如果我们失去了预测他人行为的能力，很难想象会发生什么。我们所有人都在为建立一个可以预见的世界而共同努力。但是你有没有和一个小孩一起进入过蝴蝶园？我们根本不可能预测蝴蝶会飞向哪里。大人是愉悦的，而不是不安的，因为我们知道蝴蝶是无害的，它们飞到哪里对我们没有影响。但是有些蹒跚学步的孩子却完全被吓坏了。蝴蝶的动作是不可预测的，但孩子可能不知道它们是无害的。毕竟，有些飞行的东西（如蜜蜂）是十分危险的。而现在蝴蝶到处都是，会不会同样危险？幼儿在蝴蝶园里所感受到的恐惧，预演了当我们无法简单地理解和影响机器人的复杂行为时，生活在这个有机器人的世界里将多么的焦虑。

当然，在可能出现的每一种情况下，对每一种人类互动形式进行研究，以便设计出能合理应对所有状况的机器人——这是不切实际的。机器人的行为就像人类的行为一样，变得异常复杂，无法手工编码。但是有两种新兴的方法，使得我们可以绕过人类行为和机器人行为的复杂性。首先，我们可以让机器人系统学习尽可能多的知识，就像我们可以通过机器学习在一定程度上教会机器人类的行为一样；其次，我们可以通过使机器人像人一样思考和行动，来设计动态的功能可见性。单独使用这两种方法都不够完美，但是将它们混合到一起使用，我们就可以快速设计出行为合理的机器人。

在第一种方法中，我们将应用机器学习技术来实际学习人类行为，并对机器人进行编程以使其有类似的行为方式。已经有证据表明可以训练神经网络以使其符合并预测人类行为[4]。这包括预测各种行为，从司机是否会在十字路口转弯，到两个人是否会根据彼此的肢体语言拥抱或握手。棘手的是，与人类伙伴的有效合作需要的不仅仅是预测机器人的运动或动作。我们只能提前思考它们可能做什么或需要什么，因为我们会在自己的脑海中模拟它们的目标、偏好和感受等，推断出无法直接观察到的心理状态。没有我们的帮助和指导，机器无法学会模拟我们的心理状态。麻省理工学院的实验室一直致力于通过开发人工智能来解决这个问题，这种人工智能可以通过观察以及与人类伙伴的问答对话，学习推断人类的心理状态和行为的隐含规范[5]。我们最近进行了实验，我们的智能机器人可以与人类共同制作三明治。我们证明了，使用 AI 技术来推断人类心理状态的机器人与没有对人类建模的机器人相比，具有更好的协作能力。在学习如何大规模地执行此类操作，并探索如何应用它来开发嵌入式计算平台上的机器人决策算法方面，我们仍然有很长的路要走。试验表明，这在不太遥远的将来是可能实现的。

另一种确保人能在关键时刻本能地理解机器人的方法，是设计一种利用现有的、支配性的心理模型的功能可见性提示。例如，当个人电脑刚问世时，设计者采用了一种我们都熟悉的界面模型。他们把计算机上的数据像文件夹中的文件一样组织起来，并使搜索这些文件尽可能类似于我们在现实中通过文件抽屉进行物理搜索。

我们需要在时间和安全攸关的时刻，为机器人提供类似且易于理解的模型。但是，对于机器人而言，正确的类比是什么？尽管机器人与文件柜不同，但还有许多其他可能性。然而，文化中的一种主要倾向是人们自然地将机器人拟人化[6]。当机器人出现在科幻电视节目或电影中时，我们希望它表现得像一个人，并且像人一样进行社交互动（前提是它不想接管世界）。我们建议以这种自然的心理模型为基础——不一定是通过构建看起来更像人的机器人，而是通过构建思考起来更像人的机器人。我们以与对待他人相同的方式对待机器人，给它们起名字，称呼它们为"他"或"她"，甚至在明知道它们听不见或无法回应时也与它们交谈。虽然我们不想过度沉迷于此，但由于前面章节中讨论过的原因，我们仍然不太可能完全打破这种习惯。事实上，研究表明人们对待机器人时更像是对待其他人，而并不是单纯地把它当作机器。这个概念在 1996 年被正式定义为"媒介等同"，它描述了人们如何倾向于将非人类媒介（机器人、电视、计算机等）当作人来对待。基于大量心理学研究的结果，1996 年出版的《媒介等同》一书的作者表明，人类与非人类媒介的互动与真实社会关系中的互动相似。例如，人们对机器很有礼貌，即使他们声称自己不是故意这样做的。人们对机器的态度也会有所不同，这取决于机器使用的是女性声音还是男性声音[7]。作者表明，当人们习惯于将机器视为同类时，他们更倾向于认为机器和自己一样，也更愿意与机器合作。

事实证明，这种趋势可以强有效的方式用于自动化功能可见性的设计中，因为我们有丰富的与他人互动的经验可以借鉴。每个人都是独一无二的，尽管存在差异，但我们仍然能够快速发现与陌生人互动的方式。当一个陌生人看起来像是迷路时，我们会给他指出正确的方向。我们之所以有这种能力，是因为尽管不同人之间存在差异，但我们的大脑天生就以相似的方式思考，并且有着相似的行为。当然，这其中有些因文化而异，但正如心理学家加里·克莱因（Gary Klein）所观察到的那样，一旦我们具备关于某项特定任务的知识，就会产生一种直觉，帮助我们将在新情况下看到的模式与过去看到的类似模式相匹配——我们会下意识地这样做。我们不必看到以前的确切情况：我们可以把新情况与过去类似的经验相匹配，填补空白，或者改进在新情况下可能起作用的老方法。这种认知过程模型被称为认知导向决策，在描述复杂和微妙的人类决策时特别有用。在这种情况下，一个人需要快速做出决定，然而只有部分信息可参考，而且目标定义也不明确。该模型已经在护士、消防员、棋手和股市交易员中得到验证[8]。

我们可以利用人类认知的这个基本模型来设计机器人进行本能互动时的功能可见性。机器人设计师可以利用人类习惯的模式去设计人类与机器人进行交互时的功能可见性，这些功能可见性设计将与这些模式松散耦合。同样，人们可以容忍模式的细微变化，但如果这些模式与我们已经习惯的模式完全背离，则很难理解机器人的行为。

这些不是我们习惯看到的传统的静态功能可见性，也就是我们每天使用的物体中存在的功能可见性与行为的直接映射。相反，通过设计与我们行为相同的机器人，我们将提供动态的功能可见性，这将帮助我们理解和影响机器人，并指导它们的行为。我们能够做到这一点，因为我们能够在心理上模拟机器人的行为。我们将能够随着情况的变化不断更新机器人行为模型，并直观地知道在有问题的情况下如何处理。关于动态的功能可见性，考虑行人如何预测司机的行动这个实例，已经有静态的功能可见性可以使用，比如司机闪烁车灯或挥手示意让行人通过。但研究表明，行人主要利用车辆的运动状态来做出是否前进的决定，他们通过观察车辆运动状态来形成有关驾驶员意图的模型[9]。简单地说，车辆的运动状态使行人能够形成关于驾驶员的心理模型，并预测在人行横道上与车辆"互动"的最佳方式。

机器人也可以使用这种方法。研究支持这样的结论，即遵循社会规范的机器人，甚至部分遵循社会规范的机器人，被认为比没有被编程来这样做的机器人更聪明，其行为更容易被理解，并且人类更愿意与它们互动[10]。例如，我们实验室多年来一直在研究如何让机器人足够聪明、足够安全地在制造厂里和工人一起高效地工作。在一系列的研究中，我们发现当工人事先和另一个同伴一起练习过任务后，他们能够更好地与一个和人类伙伴的移动和工作方式非常相似的机器人一起工作，并能很轻松地"进入"与机器人一起工作的状态[11]。当工人不得不与一个每次完成任务时都以不同方式移动的机器人一起工作时（即使机器人总是遵循最有效的路径），他们变得非常迷茫，以至于从那时起，负面的体验就开始影响他们与机器人的所有互动。我们最终不得不重新进行设计，以使机器人的运动更加可预测。当工作机器人在街道、人行道和商店过道上围绕我们移动时，我们需要考虑相同的设计因素。

这个类比比让人们简单地接受在日常环境中围绕着他们的机器人更重要。帮助用户／监管者和旁观者，预测他们如何指导和影响机器人的决策和行动，对于机器人成功履行其职责以及帮助我们完成任务是至关重要的。正如本能使我们知道如何影响他人的行为一样，如果机器人要在办公室、医院、商店、军队等地方协助我们，我们需要知道如何直接影响机器人的行为。

为了让机器人真正成为我们可以影响的具有社会意识的实体，它们需要以更加可预测的方式行事。机器人专家通常通过对机器人决策的设计，来实现机器人能够做出的最佳决策，并根据它们掌握的信息采取可能最佳的行动。但是，有时候较不理想的路径或不同的操作顺序可能能够更好地模仿人类解决问题的方式。如果是这样，这将是更好的选择，因为它可以防止机器人的人类伙伴产生混乱。同样，这是一种只能通过混合设计过程来实现的方法，这种混合设计过程明确地将相互依赖性设计到系统中。

设计合适的动态的自动功能可见性——使我们能够从心理上模拟机器人在各种情况下的工作方式——并不是一项简单的任务。机器人思考和学习的方式与人类完全不同。它们通过不同的传感器从不同的角度看待世界，并用不同形式的存档和读档系统记录着这个世界里的一切。即使它们与人类有相同的经历，机器人基于这些经历做出决定和行动的方式也会不同。机器人是程序化的，但我们是不断进化的。然而，我们需要设计一种较为本能的方式来预测机器人在新的情况下会做什么。

关于人，我们知道的一件事是，他们依据经验做事。我们将当前的情况与之前最接近的经历相匹配，并根据过去成功或失败的经验来决定做什么样的决定。做饭时，看着案板上的配料，你会想到用类似的东西做的上一顿饭。在解决一些人类最重要的决策问题时，专家会使用同样的策略。例如，消防队队长将使用基于认知的决策来制定扑灭森林火灾的策略。在了解了当前森林火灾的特殊情况后，他会将这些情况与他以前最相似的经历进行比较，在这些经历中，有些方法成功扑灭了火灾，有些方法则没有起到作用。这使他能够迅速决定如何分配资源来控制火势，而不需要几天或几周的时间来分析所有可能的方法[12]。

在麻省理工学院的实验室里，我们设想，如果机器也用经验"思考"，那么一个人是否会更本能地理解和预测机器的决策[13]。为了测试这个想法，我们教一台机器对烹饪食谱数据集进行聚类和分类。在一项设置中，我们使用了一种先进的机器学习算法来聚类食谱，它考虑了无序列表中的所有食谱成分。然后，我们设计了另一种机器学习算法，使机器能够根据分组中的一个典型食谱来定义其类别。例如，该算法将众多辣椒食谱组合在一起，并根据一个名为"通用辣椒食谱"的特殊选定的食谱来解释新类别。系统解释说，这种特殊食谱属于典型类别，因为它包括啤酒、辣椒粉和番茄等成分的子集。通过标准的机器学习算法，该系统试图用配料子集来解释其分组，但配料可能是从几个不同的食谱中提取的，这使得人们更难快速想象与配料相对应的菜肴。

然后我们请了几十个人来实验室，给了他们一套食谱，要求他们从机器生成的分组中选出新食谱所属的类别。与使用第一种机器学习方法相比，当机器使用示例食谱中的配料来解释其选定的分组时，人们的回答要快得多，也准确得多（准确率为 86% 对 71%，高了 15%）。换句话说，当机器使用经验进行"思考"时，参与者可以使用其固有的基于识别的决策策略来预测机器的决策。

重新设计机器人的决策过程来模拟我们自己的思维过程（例如基于识别的决策）是一种动态的自动功能可见性，可以使我们更容易预测机器人在新情况下的行为。

机器人思维的逆向工程

当然，并不是所有的互动都是基于瞬间本能的沟通和反应。有时我们会花时间互相了解，问对方关于过去的问题，讨论我们将来打算做什么，或者我们现在在想什么。如果我们对队友的行为感到困惑，可以直接和他讨论这个问题，这样有利于我们将来一起做事。如果我们试图解决某人的问题，而他做了一些意想不到的事情，我们可能会问他为什么这样做，或者他下一步打算做什么，这样我们就可以相应地调整自己的行动。

同样，我们需要有能力与智能机器人"交谈"，以更好地理解它们或解决问题。在工业应用中，用户有许多方法来排除自动化故障，如遵循详细的诊断程序，或寻求专家的帮助。我们提供工具来帮助用户从一组可能的操作中进行选择，例如，通过检查表、带有逐步说明的提示或带有技术支持联系信息的帮助菜单，使用这些选项有时但并不总是需要大量的培训。

我们不能指望普通人通过阅读大量的用户手册或参加机器学习大学课程来为街头机器人的到来做好准备。但是我们可以利用不同类型的自动功能可见性为其提供帮助——一种支持丹尼尔·卡尼曼所说的"慢速思考"的方式 [14]。这是我们面对分析性问题时做出努力的过程，进行计算的过程，以及逻辑思维的过程，例如计算账单上要留下多少小费,或者想出如何进入一个紧凑的平行停车位。对于需要用户分析机器人的一系列动作或调试一个问题的情况,用户需要能够利用他们的慢速思考技能来理解机器人的思维过程。事实上,未来的机器人将需要能够回答人们关于其逻辑和代码的问题,并以可理解的方式向用户和旁观者解释它们对世界的理解,它们计划做什么,以及我们要如何与其互动才能改变它们的计划和行为。

我们在麻省理工学院的工作是使一个自主型的机器人能够做出这种解释。我们开发的机器人能够以可理解的方式向人类解释机器的代码和逻辑,从而对其行为进行描述[15]。我们开发了一系列算法,使智能机器人能够回答与其行为相关的问题,简明地描述其以前在各种环境条件下测试其行为的过程,这样,人们就可以确定在什么情况下某种行为会发生或不会发生(例如,"什么时候做某事?""当某情况发生时你会做什么?"或者"你为什么不做某事?")。这样,我们支持用户通过直接询问的方式,来发展和完善对不明了的机器人行为的预测能力。这种交互式、有针对性的期望校准是理解和调试机器人行为的重要初始步骤,因为它有助于精确识别预期动作和已实现动作不一致的情况。

当其他模型发生故障时

我们已经描述了在通信、行为甚至思维方面建立人类交互模型的可能性,包括我们熟悉的其他模型(例如用于电脑的桌面模型),以改进我们与自动化系统的交互。但是当有新的交互需求出现，需要新的模型时呢？

我们通过触摸屏和移动设备看到了答案。例如，早期的掌上电脑提供了一根手写笔，以模仿我们用笔写字的方式。但是设计师很快意识到这不是最好的解决方案，因为在物理世界和虚拟世界之间切换会造成障碍——比如取出和放回触控笔需要额外的时间。取而代之的是，设计师着手设计用于直接操纵的新手势，这些手势最终被整个行业采用。大量的用户研究开始考虑直接操纵手势交互的设计，以使其看起来尽可能自然。众所周知，苹果公司为其产品的用户研究和用户交互设计投入了大量资金。因此，我们看到拥有有限计算机操作经验的家庭成员，即使不接受有关如何使用 iPad 或 iPhone 的任何培训，也能够以极其轻松的方式拿起并使用 iPad 或 iPhone，这并不奇怪。现在，整个行业都采用了这些新的交互方式。无论制造商是谁，这些设备都可以直接使用。在手机和平板电脑上，我们已经习惯通过捏手指来放大和缩小，甚至不用思考。

从功能的角度而言，机器人与人的能力在根本上有所不同，这是人与机器人合作的优势之一。这意味着人类互动的类比只能带我们走到这里。而且，交互并不总是有较为相似的类比，像台式计算机的文件夹一样的类比将会很少见到了。我们需要开发和设计新的功能可见性，就像移动计算机行业在从手写笔转向直接操作手势（例如，在屏幕上捏和滑动）时所做的那样。

汽车工业通晓标准化过程。我们可以在陌生的城市里租一辆从未开过的车，安全可靠地把它开出停车场，然后开到目的地。起初我们有点生疏，需要花费比平常更长的时间来调节座椅和后视镜，并弄清楚如何打开方向盘和雨刷。但之后，我们便能顺利上路了，就好像驾驶着开了好几年的车一样。这种无缝衔接只有通过控件和接口的标准化才能实现。瞬间决策所需的控制装置，如方向盘和制动踏板，在所有汽车中的工作方式都是相同的。细微的差别只存在于那些不涉及瞬间决策的控件中，比如雨刷、闪光灯和灯光。但即便是这些，差别也很小。前照灯开关可能在稍微不同的地方，但它总是在方向盘和仪表板周围的相同区域，并且总是有近光和远光选项。不同制造商之间的差异在认知上是可控的。

汽车中的控制装置和显示器在很大程度上受到联邦机动车辆安全标准的影响，而且驾驶员必须参加考试才能获得驾照，这至少可以确保全国范围内驾驶员的基本训练水平。未来的机器人在控制和界面上会有同样的标准化水平吗？机器人用户是否必须通过机器人操作测试才能证明他们学会了新的机器人专用功能？在操作安全问题上，这是有好处的，但也要付出一定的代价。此外，旁观者仍然不会接受任何培训，毕竟，他们并没有确切地选择是否要与机器人共享人行道——至少与他们选择获得驾驶执照的方式不同。机器人技术发展如此之快，以至于与其相对应的训练很难跟上。

不过，在某些情况下，也许这是个好主意。以飞行机器人为例，许多公司正在开发、测试和部署系统，以将包裹直接送到收件人家门口。那些把包裹装上无人机并把它送上飞机的人肯定应该接受一些这方面的培训。驾驶休闲无人机的人可能会被要求通过一项测试，证明他们知道如何避免干扰地面上至关重要的安全性事件，比如紧急车辆被派往灾区或犯罪现场。

但是，如果你订购了一件物品，当无人驾驶飞机飞到你的大门前时，你将如何与它沟通和互动，告诉它把包裹放在哪里，或者警告它远离你的狗或孩子？对于旁观者，当无人机看起来好像不安全地在他们面前盘旋时，他们只想绕过它。没有明确的人类类比来指导我们如何与自由飞行的机器人互动，甚至人与动物的类比也会失效——你最后一次试图用手势引导一只鸟朝喂食器飞去是什么时候？我们需要为这些系统提供新的模型。科技行业正致力于此，亚马逊在 2016 年申请了一项送货无人机专利，该无人机可以对向其挥手的人做出反应。但需要不断迭代才能正确获得这些新的功能。

设计问题是个棘手的问题。机器人如何迅速告诉人们它打算飞到哪里或下一步打算做什么？许多带有旋翼的"直升机式"系统可以朝任何方向飞行，甚至我们都不弄清楚哪个部位是前哪个部位是后。人们可能会觉得它会撞到自己，实际上，如果没有一种好的方法来影响其行为，那么这种感觉可能是对的。

机器人研究人员正在积极研究机器人向附近的行人传达其飞行路线意图的最佳方式。有趣的是，迄今为止，最好的策略之一有点违背常理，这将使飞行机器人的能力下降，但更具可预测性。这个想法是，可以直接约束它的飞行行为，这是以生物和飞机的飞行作为灵感的。这样，在天空中飞行的无人机看起来更像我们看到过的其他飞行系统，并触发了一个帮助我们理解新系统行为的心理模型。

类似地，无人机需要具有结合飞行行为而设计的新的信号传递机制，以在视觉上传达其方向性。研究表明，这种类型的联合设计可以起作用，使不熟悉系统的人能够预测机器人的意图。但不同类型的信号有不同的优缺点，需要在人的预测精度、跨机器人平台的通用性和机器人可用性之间进行权衡[16]。

自动功能可见性需要超越静态映射，融入动态的功能可见性之中。只有考虑到机器人运动的动态特性，我们才能确保清楚地映射出机器人即将发生的行为。

由于机器人具有帮助人们完成工作的能力，并且能够不断学习和适应，因此人机交互模型仍然应该是自动功能可见性的基础。机器人应该被仔细设计成与人类的决策和行为一致，甚至应该被编程为像人一样思考，以便用户可以更好地预测机器人在各种情况和输入下可能做什么。根据快速思考和慢速思考模式，我们可以将这两种情况分为两种类型：

- 本能的情况：机器人需要模仿人类的直觉，以进行简短、自然的交流，并采取无故障动作来进行响应，而无须长时间的交互。为了减轻人们与机器人互动时的心理负担，我们需要设计出人们能够直观预测的机器人行为方式。

- 协商的情况：机器人必须能够通过直接询问的方式向用户解释它们的行动和原理。

当人类与机器人互动时，我们进入了一个新的领域——我们超越了人类与人类的互动，进入了一个新的时代。由于其中一方实际上并不是人类，所以新的交互模型需要深思熟虑的设计。我们可以尽可能利用人与人之间的互动模型对其进行设计，有时我们还需用到其他模型。确保工作机器人保持可靠和易于使用的最佳方法是在开发和验证这些模型时对其进行标准化。

第7章

机器人之间的对话

　　这本书的大部分内容是关于如何设计足够好的机器人来与我们一起工作。但在某些任务上，机器人可能比我们更擅长。所以在适当的时候，设计不与人类合作的机器人也同等重要。

　　正如我们已经讨论过的，在很多情况下都是需要机器人的。比如，当人们无法轻易地检测到一个问题并做出足够快的反应来防止灾难性故障发生的时候；再比如，当机器人显然比人类更擅长完成一项任务时，以及试图让人类参与决策过程或谈判并不理想时。在这些情况下，决定谁应该负责这个任务应该是简单的——当然，机器人应该被设计成在很少或不需要人力投入的情况下检测和处理类似情况。但即使是在这些简单的、看似明显的情况下，我们的设计也经常会出错。这是因为我们忘记了一些关于人类与机器人合作的关键问题。

　　以 2002 年一次致命的飞机失事为例。7 月的一个晚上，一架载有 69 名乘客的商业客机从俄罗斯飞往巴塞罗那[1]。当这架客机达到巡航高度后，刚刚越过德国边境，就开始靠近另一架从意大利飞往比利时运送货物的飞机的航线。而当两架飞机即将碰撞时，空中交通管制员正忙于安全管理空域的其他任务，直到撞击前不到一分钟他才注意到即将发生的危险。此时，他慌慌张张地给飞行员发了指令：一架飞机"下降"，另一架飞机"上升"。

两架飞机上都有自动化系统，可以检测这种冲突，并直接相互协调以确定解决方案，而无须飞行员或空中交通管制员的任何输入。这个交通碰撞和避免系统（TCAS）就是为这种情况设计的[2]，两名飞行员都需要接受该自动化系统的建议。

那天晚上，在空中交通管制员给飞行员下达命令几秒钟后，TCAS 却给飞行员发了相反的指令。一名飞行员遵循了飞机的自动化指令，而另一名却遵循了空中交通管制员的指令。结果两架飞机相撞，飞机上的所有人都失去了生命。

这一事件改变了商业飞行员在空中接受命令的方式。现在，他们被指示只听从飞机的命令，而不听从空中交通管制员这个局外人的命令。这是因为在危机情况下，机器人之间不能总是依靠人来进行及时的谈判，而且就平均水准而言，机器人比人类保持着更冷静的头脑。

我们从航空案例中吸取了教训，问题解决了。但奇怪的是，自动驾驶汽车现在出现了类似的问题。最近，两辆无人驾驶汽车在同一个十字路口停下来，二者都在等待对方继续前进。因为车与车之间没有直接通信手段，而且备用驱动程序也没有办法进行眼神交流，于是两辆自动驾驶汽车都瘫痪了，陷入了僵局。

这两辆车是由同一家制造商生产的，设计师本可以把它们设计成可以直接相互沟通的，但他们没有这样做。在商业航空中，问题的根源是人指示的方向和机器指示的方向之间的冲突，我们通过惨痛的教训学到人是不可信的。但是无人驾驶汽车在方向上没有冲突，它们只是没有方向。之所以没有设计汽车之间的直接沟通能力，是因为设计者认为汽车只要保守地屈服于其他人类驾驶的汽车即可，他们没有想到自动驾驶汽车可能会以这种面对面的方式出现，并且没有想到自动驾驶汽车之间需要交谈。

　　未来的情况甚至比这还要复杂得多。想象一下不同类型的机器人，它们来自不同的制造商，在人行道和街道上嗡嗡作响，在头顶上飞行，各自说不同的语言，没有能力相互协调或交流。它们不仅在我们的空间里，它们也在彼此的空间里。然后呢？每次它们面对面或陷入困境时，就需要我们来进行干预吗？

　　假设将一辆卡车作为送货机器人的枢纽。司机爬进卡车后部（也就是指挥中心），开始派遣机器人和无人机。机器人不仅仅是自己行动，还要互相帮助，一个机器人在路上发现一个雪堆或掉落的树枝，就与其他机器人分享它的位置，这样它们就可以提前计划绕过树枝的路线。机器人协调各自的路径以避免碰撞，并确保同一街区同一时间没有过多机器人，因为设计者不想让它们成为邻居的负担。当一个机器人或无人机无法绕过障碍物或爬楼梯时，另一个机器人会前来协助——它可以移动障碍物或推动机器人越过人行道上的裂缝。一个较大的机器人在街道上快速移动，将包裹送到车道上，然后一个较小的机器人按照车道或人行道的大小，接管并慢速地在更小的空间中导航。无人机从机器人上取下一个包裹，带着它穿过难以通过的路面。如果其他机器人在该地区，无人机可能会向它们寻求帮助，或者尽量减少干扰。大多数情况下，它们只是简单地互相交流。与此同时，驻扎在指挥中心的主管更像是一名指挥，在机器人和无人机团队和谐工作的同时，指挥他们的表演——这是一切运转正常的画面。如图 18 所示，机器人共享关于它们对世界的理解的信息，不同种类的机器和监管者无缝协作。它们设法完成自己的工作，而不会给周围的人增加负担，就像送货司机在巡视时所做的那样。然而在现实中，我们却几乎不能在一个标准的十字路口协调两辆自动驾驶汽车。

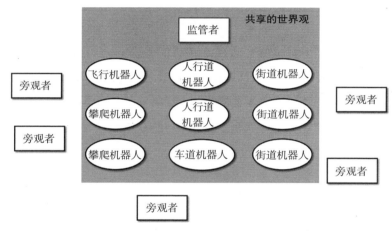

图 18　工作机器人如何根据一些共同的目标来一起工作

这个问题并不简单。机器人需要直接相互交流吗？它们应该如何相互合作，何时合作？它们应该交流什么？一旦机器人直接相互交流，我们的角色将会是什么？

设计工作机器人之间清晰有效的通信与设计人与机器之间清晰有效的通信同等重要和复杂。在今天的机器人设计中，整个设计团队都专注于用户体验和人机交互。到目前为止，虽然人们开始谈论机器交互，但这些团队，尤其是跨平台和跨公司的设计，并没有专注于机器人与机器人交互的有效性——这仍然是一个事后才被想起来的问题。这不仅是因为该问题在概念上具有挑战性，而且通常是因为让某公司的技术与其他非本公司的对象一起发挥作用不符合公司的竞争利益。

上面提到的思维方式已经没用了，我们需要从确定何时以及如何设计没有人参与的系统开始。本章将通过航空、运输和外科手术的历史实例来说明，这个将人脱离出系统的决定对系统设计提出了新的要求，同样的考虑也适用于未来复杂机器人团队的设计。但是现在我们一定不能单单为一个机器人而设计，我们必须为这些相互作用的新社会实体的整体确定合适的角色，最终，这将要求我们将工作机器人设计为集体智能中的一个部分。

解放双手——不需要与人协作的机器人

自数字革命开始以来，工程师一直在思考哪些任务可能更适合由机器完成，而不是由人类完成。甚至在20世纪50年代，人类工程心理学家保罗·菲茨（Paul Fitts）就提出了一系列这样的任务清单[3]。他的清单写得很详细，并且至今仍用于指导我们决定何时将任务完全交给机器人。

及时性：必须迅速做出的决定和行动往往不能等待人和机器人之间的协商。在一起工作的机器人可以对控制信号做出快速反应、解决冲突、协作解决方案并采取适当的行动，而不像人类那样在处理状况时存在延迟。

计算需求：机器可以使用预定义的公式或算法快速、可靠地处理数字。相比之下，人们在进行心理计算、将可用信息或控制输入转化为决策或行动时，尤其是在有压力的情况下，往往会产生错误。此外，对许多实体之间的协调进行规划——这对于协调送货机器人车队的工作是必要的，这对人类来说是非常困难的，但机器却很擅长。因为机器人擅长在许多维度和许多不同变量之间优化决策，所以计算任务应该交给它们。

依赖短期记忆：机器人在存储和检索信息方面比人更可靠。人类大脑中的"草稿板"是有限度的，也就是说，各种各样的东西同时被储存在短期记忆中。在机器人送货的例子中，这意味着主管可能记不住哪个机器人在递送哪个包裹，以及以什么顺序递送这些包裹。但每个机器人都可以很容易地存储这些信息，在送货时进行更新，并将这些信息与整个团队进行通信，及时传回指挥中心。

重复的任务：因为操作步骤定义清晰，所以与其由人来执行，不如由机器人更有效地执行重复的常规任务。自动变速器就是一个很好的例子，它使驾驶员从手动换挡中解脱出来。从驾驶员身上卸下烦琐的任务，这样他们就可以专注于其他事情。

同时执行任务：在尝试多任务时，人类的表现会变差。开车时发短信是一种极其危险的行为，会带来严重的后果。然而，机器可以同时执行许多任务，而不会影响它们的性能。计算机是为并行处理而设计的，可以通过安排一些线程以使最重要的任务先执行。随着机器人团队需要更多地协调完成任务，多任务协议将变得更加重要。

受损的决策能力：人们对机器人功能的兴趣激增，这些功能可以解决人们由于受伤或者在关键时刻注意力被转移，从而导致事故发生的情况。当车辆和其他类型设备的操作人员喝醉、分心、困倦或失去意识时，悲剧就会发生。机器人可以用来识别一个人何时可能会因为这些情况而导致与设备有效互动的能力下降，并根据这种理解调整控制策略。

一个早期的例子就是现代飞机系统需要有意识地将飞行员从与它的某些交互方式中完全移除，让自动过程来接管（在这种情况下是为了保障安全飞行）。早期的飞机被设计成具有稳定的操纵特性，这样当飞行员按下控制杆然后松开时，飞机就会自然地恢复稳定飞行。以这种简单的方式，飞机被设计为飞行员的理想合作伙伴。飞行员一直控制着飞机的飞行方向和飞行方式，但飞机动力学可以保证飞行员和飞机一起从几乎每一次人为操纵失误中恢复过来。

随着时间的推移，飞机自动化的目标变得越来越宏大。军方需要能躲避雷达的隐形飞机，于是设计师通过新的分析技术，改变了飞机机身和机翼的经典形状，以减少雷达可观察到的"横截面"。然而，这里出现了一个问题——飞机本身就不稳定。机翼的形状和角度使得飞机的可调性降低，任何人都无法从驾驶舱内观察到飞机的状态，并通过机动做出正确且精确的控制动作，保证飞机的安全飞行。为了理解稳定飞行器和不稳定飞行器之间的区别，想想在高中物理课上学过的钟摆的行为，一个垂下来的钟摆会自然地来回摆动，最后落回中心——它是稳定的，但是一个倒立的钟摆只要轻轻一推就会倒下——它是不稳定的。要想象一个倒立的钟摆，先想象一个落地钟，然后再想象把它倒过来。现在，钟摆不再自然摆动，也不再记录时间，而是变得不稳定了，它很可能会掉到一边，然后一直停在那里。或者想象一下在指尖上平衡一根长长的木销。要让一个倒立摆保持这样的平衡，需要大量的练习——但这是可能的。总的来说，虽然在飞机不同的表面上有复杂的气动力在起作用，但高机翼飞机的重量分布受益于钟摆效应，这使它具有稳定性。对于隐形飞机来说，这一优势不仅不复存在，而且现在六个飞机操纵面的作用就像倒立摆一样。如果你尝试用木销做实验，想象一下同时平衡六个飞机操纵面，这种可能性显然是人类的极限。

在 20 世纪 40 年代到 60 年代的开创性研究中，有一些是在麻省理工学院进行的，他们研究在什么情况下一个人可以"闭合回路"，并提供适当的控制输入来保持动态系统（如飞机或汽车）的稳定[4]。令人难以置信的是，大量研究发现，通过一些实践，人们会自然而然地调整自己所采取的行动（例如，对系统的控制输入），这样整个系统行为就会模仿稳定系统的行为。换句话说，人类尽可能自然地填补空白以确保系统运行良好。他们以一种可预测的方式工作，这种方式可由数学方程很好地建模[5]。这种模型可以用来研究人类操作员在给定约束的情况下，是否可以控制飞机、汽车或其他系统。

对人类行为的限制包括反应时间，以及人是可以直接控制系统的位置或速度还是仅仅控制系统的加速度。当然，还有一些其他的"人为因素"也会限制人们的反应能力。人类扫视测量仪并理解其读数的时间是有心理物理限制的，比如理解飞机当前的姿态。此外，"噪声"（人们在观察系统或执行预期操作时潜在的错误）也会影响性能。

所以问题就变成如何设计自动驾驶系统，以确保飞行员尽管面临各种限制也能够保持对飞机的控制，特别是当飞机本身就不稳定的时候更多的控制力必须被转移到机器上，这样人类的输入就不再直接控制飞机，取而代之的是，飞机接受人类的输入并计算出在安全飞行时实现飞行员的指示所需的精确行为。

这似乎是一个有风险的提议——肯定会局限于军事应用。但事实上，许多现代商用飞机的稳定性也不高，部分原因是为了减少燃料消耗。但随着客机体积的增大，设计师也将机翼向下移动，将引擎向上移动，以便为涡轮风扇腾出空间[6]。于是设计了飞行器控制电脑来承担额外的工作量，比如调整飞机升降舵，这样飞机就可以表现出更好的纵向稳定性。这种情况发生在一些波音机型上，包括全新的波音 737 Max，该机型在 5 个月内发生了两次事故，于 2019 年 3 月停飞。

导致 737 Max 事故的问题仍在调查中，但迄今为止的报告表明是传感器故障导致操纵特性增强系统（MCAS）采取了不正确的操作。特性增强系统是手动飞行中使用的一种飞行控制法则，旨在提高飞机的俯仰稳定性，使其在发动机较低的情况下也能保持与以前的 737 飞机相似。当传感器指示飞机坡度过大并迫使机头向下时，该系统会激活。报告显示，系统中没有足够的故障检查，这导致传感器读数存在冲突，使自动系统在错误的时候将机头向下推。因此，虽然该系统使具有挑战性的飞机更容易飞行，但它也导致了灾难性的坠毁，因为飞行员不明白 MCAS 在做什么，也没有合适的装备来识别和补偿故障。尽管发生了坠毁，自动化系统背后的概念仍然是有效的，这种情况再次突出了有效的人机自动化交互设计的重要性和面临的挑战。毫无疑问，航天工程师将从这个错误中吸取教训，随着学习的深入，我们将再次看到安全方面的重大改进。这些飞机上的自动化系统可以确保飞行员不必做太多事情，并且使他们更有能力驾驶不稳定的飞机。

这有点违反我们的本能理解，但基本想法和车里的自动变速器差不多。汽车可以优化换挡，以最大限度地减少油耗，这比在手动模式下驾驶要轻松得多。你仍然可以让汽车向前或向后行驶，但是在加速、油耗和乘客舒适性之间取得完美平衡的大部分工作都由车里的电脑完成。现在，一个没有任何驾驶经验的年轻人在学习开车时不必纠结于离合器和换挡，而有经验的司机可以将更多的精力投入新奇、复杂的娱乐系统。有时你的车会在适当的时候把你从控制装置上"移开"，让你更安全。还记得防抱死刹车吗？当汽车感觉到它在打滑时，会选择忽略我们踩刹车踏板的恐慌反应。取而代之的是，它将这种输入转化为缓慢的刹车，以在保持牵引力的同时降低车速。

火车甚至是外科手术机器人也在使用相似的策略，围绕我们对系统的控制设定界限，以确保我们的安全。法国、德国和日本的现代高速列车不断监控它们与其他列车的距离，通过确保安全距离来限制工程师推动列车的速度[8]。同样的技术使外科医生有可能完成看似不可能的壮举，例如在跳动的心脏上手术。没有一个外科医生能在心脏跳动时完美地沿着心脏表面切割，然而，外科医生和机器人的合作使这成为可能。外科医生坐在控制台前远程操作手术机器人，机器人完成了人类不可能完成的壮举，帮助外科医生在心脏表面进行切割[9]。

设计这种系统的第一个问题是如何安全地将人从控制回路中移除，这并不是单纯地设计完成一个系统那么简单，"如何设计"这个系统也同样重要。其中有几个选项，每一个都会对人类行为产生不同的影响，从而对系统的性能产生不同的影响。

正如研究人类和自动化之间交叉点的先驱所说："自动化不是全部或没有，而是可以在一系列级别上变化，从最低级别的完全手动到最高级别的完全自动化。"[10] 研究人员提出了"十级自动化"来定义所有的可能性，从人类完全控制，到各种分享控制权的方式，再到机器完全控制（表2）。

表2　十级自动化

1. 计算机不提供任何帮助，人类必须做出所有决策和行动
2. 提供一整套行动方案
3. 将选择缩减到几个
4. 提出一个方案
5. 如果人类同意就执行该建议
6. 在自动执行前允许人类有一段有限的时间来否决
7. 自动执行，然后必须通知人类
8. 只有在人类提出要求时才在执行后通知人类
9. 在执行后通知人类，如果计算机决定这样做
10. 决定一切并自动行动，忽略人类

来源：R. Parasuraman, T. B. Sheridan, and C. B. Wickens, "A Model for Types and Levels of Human Interaction with Automation," *IEEE Transactions on Systems, Man, and Cybernetics, Part A: Systems and Humans* 30, no. 3 (2000):286–297, https://doi.org/10.1109/3468.844354.

这些选项侧重于谁做出决策，以及如何将决策传达给另一方。但是随着越来越多的情况出现，我们需要机器人来做出决策，并且用户被部分移出控制回路。我们需要更仔细地研究如何扩大用户和机器人的交流，以完成特定的任务。如果机器人将要做出某种类型的决策，难道不应该确保它会告诉用户它将要采取的行动，或者确实已经采取的行动吗？应该允许来自用户的任何高级输入吗？这就给我们留下了三种将用户移出控制回路的方案，如图 19 所示。

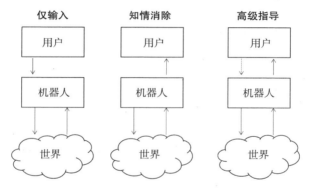

图 19　将人从控制回路中移除时，监管控制的三种变化：（1）仅提供高级输入，但不接收关于机器人选择和执行的细粒度动作的任何反馈；（2）提供反馈而没有能力提供输入；（3）向机器人提供高级指导，并委托细粒度动作的选择和执行

在每一种情况下，机器人都以某种方式对世界负责。在仅输入的情况下，本质上人类是机器人决策的顾问，用户向机器人提供输入，但最终机器人执行任务而不提供反馈。

但是为什么不向用户提供反馈呢？如果不想让用户采取行动——因为他们可能会造成某些伤害，那么可能需要确保不向用户呈现相关线索，从而避免他们根据这些信息采取额外的行动。这种方法夺走了用户进行干预的能力（甚至是以知情的方式），因为用户对机器人的动作没有任何了解。这个选项必须经过仔细选择——而且只有在真正不需要人工输入时才合适——因为它不让用户获得信息，因此用户也就无法在机器人出现故障时介入并提供帮助。换句话说，只有存在充分的理由证明人类介入系统并带来麻烦的风险大于机器人故障的风险时，走这条路才有意义。

我们已经讨论过的一个例子是防抱死制动器。驾驶员踩下制动踏板，但防抱死制动系统检测到车轮转速明显低于车辆速度时，会减小制动器上的力，以防止车轮锁定。防抱死制动系统检测和响应这种情况的速度比驾驶员要快得多。回想一下，早期的防抱死制动系统通过制动踏板的振动提醒驾驶员该功能已启动。司机被这个意外的信号弄糊涂了，也很惊慌，许多人的反应是把脚从刹车上移开，但这不是正确的反应[11]。随后振动特征被移除，以减少这种不正确的反应。在这种情况下，将控制权完全从用户手中夺走的选择是合适的，因为其他方案会导致司机采取不安全的行动。控制减速的过程最好留给防抱死制动系统，驾驶员真的不需要知道系统的选择。

第二个选项是知情消除，即将用户从动作序列中完全移除，但是确保用户明确这一点，并通知用户正在采取的动作。一个日常的例子是名为防撞系统（Collision Avoidance System，CAS）的驾驶员辅助功能[12]。防撞系统使用一组位于汽车周围的传感器来监控潜在的碰撞迹象。如果检测到这样的危险，防撞系统首先警告司机，给司机一个采取行动的机会；如果问题恶化，防撞系统会采取纠正措施，通过制动、转向或在制动的同时转向。在这种情况下，驾驶员意识到自动系统检测到了什么，并有机会解决问题，但系统也可以独立行动并超越用户。

第三个选项为高级指导，即接受用户输入，但将其视为对用户意图的指导，机器人会将这种指导转化为它认为正确的行动。这种类型的系统适用于期望用户提供一般的指导，但是用户自己不能像计算机那样快速或可靠地执行详细的动作序列的时候。这种设计方法不同于"仅输入"，因为监管者会继续监视动作的详细执行，因此能够不断更新输入。这种设计已经被用于航天器、隐形飞机和许多其他应用领域。在这里，用户以对他们来说直观的方式提供高级意图，但是该意图的实现方式由系统决定。

当用户或监管者不能及时执行给定的一组详细步骤时，这种设计是有用的。例如，我们在指挥中心的机器人远程操作中看到这一原理在起作用，因为网络通信路径中可能存在延迟，导致监管者对机器人的输入延迟达到数秒甚至数分钟，使得监管者无法直接控制机器人并驱动它[13]。如果需要的话，在提供指导并监控机器人执行决策后，监管者可以决定再次干预[14]。例如，如果机器人在接近一个建筑工地，并且找不到绕过它的路径，那么机器人可以向指挥中心寻求帮助。监管者可以在机器人不容易理解的许多交通锥和路障周围规划出一条安全的路径，机器人可以安全地遵循提供的路径行进。火星探测器就是这样被控制的[15]，火星和地球之间的通信需要很长时间，所以让技术人员坐在美国宇航局的指挥中心用操纵杆控制好奇号是不可行的。相反，漫游者在地球上的处理器向它发送详细的路线指引，然后它自己执行这个计划。

到目前为止，我们描述的系统涉及一个人和一台机器（飞行员和飞机、司机和汽车、工程师和火车、外科医生和手术机器人）之间相对简单的交互。在这些例子中，系统以及系统运行的环境都是可预测的。我们可以从航空业获得的经验是尤其有限的，空域比我们在日常世界中遇到的环境更容易预测，也不那么复杂。无论我们走到哪里，地面的情况都比空中的情况复杂：地面有更多的人，人们都在做着不同的事情，并且是没有共同目的的事情。

随着快递机器人车队涌入社区，它们将加入这样一个世界：狗在吠叫，孩子在玩耍，汽车驶过，路况随着天气而变化，有时会在一瞬间雷雨交加，或开始下雪或下冰雹。机器人上的计算机将随时准备相互通信，但它们还不知道自己会遇到什么，它们与环境和他人的互动几乎是完全不可预测的。对于送货卡车指挥中心的人来说，要完全实现监控或控制太困难了[16]。问题是，我们如何以及何时限制或扩大向监管者提供的信息呢？我们如何以及何时限制这些监管者对系统的控制，使他们能够监督快递包裹被安全高效地投递呢？系统应该如何以及何时让旁观者介入，是让机器人远离他们的孩子，还是让机器人绕开树木或绿化带？

许多人、许多机器人的场景

如果用户在特定任务的控制回路中被移除，那么我们应该如何支持机器人独立完成这些任务？这不仅仅是一个机器人的任务，我们也需要支持多个机器人之间的任务协调。随着机器人进入日常生活的各个方面，这个设计问题远比一个机器人和一个人之间的互动复杂得多（图 20）。我们必须为这样一个世界设计机器人，在这个世界里，机器人需要与许多其他机器人合作，同时也需要与人互动。机器人将如何决定何时以及如何与监管者合作并与旁观者接触？

　　再以一群相互协作的机器人在社区里送货为例，现在考虑到可能有其他机器人在同一社区同时作业，但其他机器人并不是为同一家快递公司工作。它们可能会送干洗的衣服、为新挂牌的房屋拍照、护送孩子放学回家或者运送货物，此时，街道上还行驶着许多自动驾驶汽车或卡车。这些机器人将在人行道、车道甚至家门口相互交叉行进。如果它们不能合作，那么许多互动将会以糟糕的结果告终。有可能会发生碰撞，也可能会有机器人被困住，就像自动驾驶汽车在交叉路口互相检测到对方，却不能相互协商前进一样。

　　任何一家制造商开发的机器人（如快速送货机器人）都可能以相同的世界观运行，能够直接与其他机器人沟通，因为它们是由同一个设计团队开发的，能够在机器人和监管者团队中争取最佳的理解。但是，不同的设计团队和制造商开发的机器人可能有很大的差异，以至于交流时会有巨大的鸿沟。那么，这些机器人如何在可能相撞的时刻相互协调，甚至在更大的范围内相互协调，进而从彼此的知识和经验中受益呢？如果它们能够分享经验并结合彼此的知识，那么我们就会拥有一个由机器组成的网络，所有的机器都在以同样的方式同时想象世界，每台机器（和用户）都能获得所有机器人得到的有用信息。

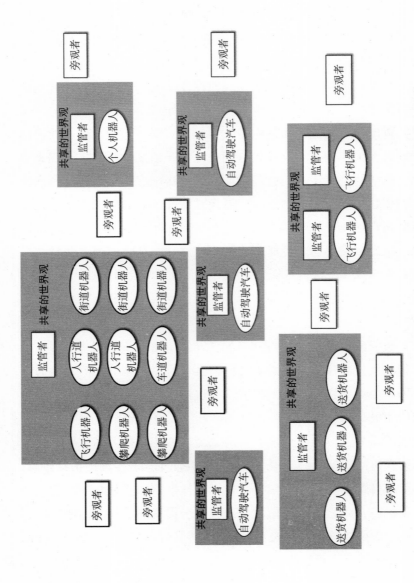

图 20 一旦工作机器人在许多商业应用中被完全部署，社区将会是什么样子

　　研究人员正在积极致力于解决多个机器人为实现共同目标而共同努力时所面临的挑战。[17]。但是这些方法仍然假设机器人正在为实现一组共同目标而合作，并且它们的活动是高度协调的。任务（包括智能体可以做什么，以及做得如何）被显式地建模，用数学方法描述存在的不确定性，即特定智能体执行的特定任务有一定的成功概率。机器人正在朝着一个共同的目标努力，这个目标恰恰是由机器人成功完成任务所获得的"奖励"这个概念所定义的。现有的关于这个问题的研究，假设所有智能体对彼此的优先级和子目标以及子目标之间如何相互关联都有共同的理解，这些算法通常还要求智能体共享它们观察到的东西、它们刚刚完成的事情以及它们的当前进展，这种方法对于执行搜索和救援任务的机器人很有用，因为这允许它们在不同的时间访问搜索区域的不同部分时相互协调。若机器人被设计成直接相互通信，当有适当的带宽来支持这些通信，且当机器人有正确的计算能力来处理通信并从中获得意义时，这些方法就起作用了。

　　然而，现有的多智能体协作研究并没有经常涉及不同团队的机器人之间的交互，这些团队仍然需要相互协调。我们需要一些新想法，同时也可以借鉴已经为同一个团队中的多智能体开发出来的不同方法。但是，为了实现安全高效的跨团队互操作，我们还需要解决新的问题。重要的是，我们需要尽快得到答案，因为不同的机器人正在成群结队地来到充满活力的人类世界。

　　然而，我们几乎没有构想出这样的系统，更不用说实现了。我们可以勾画出这样一个系统必须做些什么，以及在机器人互操作方面的特定需求：

- 微交互：由于来自不同公司的机器人并不是作为一个团队来运作，所以如果不是以某种特定的方式互动，机器人就不会了解彼此。我们将需要一种方式来促进微交互，当这些互动发生时，还需要能够化解活动冲突。

- 谈判：由于机器人将拥有自己的决策系统和奖励结构，我们将需要一种方法让它们在不了解彼此目标的情况下谈判和解决冲突目标。

- 机器人众包：由于机器人永远无法建立或维护它们所处世界的完整视角，因此需要众包，并与其他机器人和人类共享信息，这与 Waze 系统如何以保护隐私和安全性的方式跨驾驶员众包交通信息的方式相似。

让我们依次对每一个需求进行讨论。

我们的街道本就很繁忙，但有了机器人后，只会更加繁忙。目前，当机器人需要与其他机器人或人类互动时，很少有现成的规则可以指导它们的行为。这些新的社会实体如何在不造成伤害的情况下在我们周围活动？一个活跃的研究领域是研究鸟类和鱼类如何聚集，这是思考机器人如何以优雅的方式移动的灵感。鸟和鱼似乎不能直接相互交流彼此的动作，所以我们的机器人或许也不需要指导。当每只鸟或鱼试图与它旁边的鸟或鱼保持同步时，就会形成鸟群或鱼群，然而，这种非常局部的协调对于整个团队的无碰撞运动是必不可少的。只要每只鸟或鱼都与旁边的鸟或鱼平行飞行或游动，它们就会形成一个和谐的群体，而不会相互碰撞。在机器人运动中，这意味着让机器人保持跟踪距离，并跟随最近的邻居的方向。机器人可以通过这种方式避免碰撞，甚至可以完成基本的合作。以蚂蚁为例，它们的觅食行为看起来很复杂，在觅食时会用化学方法标记成功的路径。即使是感知世界和交流的简单方式，也能帮助这些动物王国的微小代表意识到无数复杂的行为[18]。

为什么这种留下化学信号的简单策略对蚁群之间的协调如此有效？蚂蚁没有多少智慧，也没有统一的管理者来指挥所有的蚁群，所以复杂的交流是不可能的。机器人与之类似，但原因不同。机器人之间的通信必须简单，因为它们可能拥有不同的处理架构，而且任何外部通信都必须是流畅的。机器人有不同的目标，可能由不同的公司设计，所以不可能有统一的管理者。

我们能否让机器人在日常生活中进行有效的微交互，比如在它们努力实现目标的同时，用数字来标记它们的轨迹呢？它们将需要一种方法来将这条数字轨迹告知邻近或朝同一方向行进的其他机器人。就像我们一样，机器人也需要决定走哪条街才能到达目的地，通常它们会有无数的选择，而通过了解与其他机器人可能发生干扰的潜在路径，机器人可以在自己的路径上做小的调整以避免相撞。首要任务是，机器人和机器人之间的交流仅仅是为了获取足够的信息以避免相互碰撞，例如，它们可以交流位置、方向和速度。在前面介绍的航空运输的例子中，每架飞机都要询问对方的应答器，应答器以模仿雷达的方式进行应答，交通冲突和避免系统根据这些信息计算出其他飞机的位置。如果两架飞机即将碰撞，空中防撞系统（TCAS）算法就会计算并发布一个解决方案，以防止碰撞。

这只是一个及时做出反应的冲突解决功能，只有当两架飞机有碰撞的风险时才会启动。对于我们来说，它的有趣之处在于，解决方案建议的计算仅基于来自每架飞机的两条信息——位置和速度，它不会因为考虑意图、目标或飞行路径而使事情复杂化。这种方法不需要那么详细的信息，它可以很容易地用于支持工作机器人之间每天发生的数百万次微交互，这与鸟群和鱼群所使用的最小信息共享类似，并且进一步证明了微交互可以有效地大规模实现。

当然，蚂蚁、鱼和鸟执行的任务的复杂性与我们人类世界的复杂性相比相形见绌。蚂蚁、鱼和鸟不需要在亚马逊网站紧凑的时间表中检索或交付食物，它们与周围世界的互动数量和类型也远小于机器人在街道和社区中与旁观者互动时可能需要处理的互动集。蜂群、鱼群和鸟群都是由个体组成的，它们朝着同一个目标协调行动，而由不同公司运营的机器人团队将需要就相互竞争的目标进行协商。我们也不希望看到一群机器人像军队一样在街上朝我们走来。完全有可能的是，随着这些系统让我们的街道变得越来越拥堵，各个城市将效仿旧金山，对能够同时在一个社区内运行的人行道机器人的数量进行限制。无论如何，机器人都不会"生活"在一个社区里，而是会定期穿梭于城市之中。因此，需要一种方法来规划它们的集体路线，既能避免碰撞，又不会造成太大的麻烦，同时还要遵守城市的规定，以及满足不同公司的目标。

通过对多机器人协调问题的研究，目前已经开发出了许多用于机器人任务和路径的分散协调的"竞价"和"市场／拍卖"算

法 [19]。就像在拍卖中一样，在这种模型中，机器人必须根据重要性来出价。这就创建了一种机制，即使机器人之间无须了解彼此的基本目标，也可以协调机器人之间的"交易"，例如路线、信息和优先级。来自不同公司的机器人自然不愿意分享客户需求的细节、规划的路线以及任务的优先级，这些都是每家公司的商业机密。但是，机器人可以分享资源的相对优先级，比如，在穿越城市时，它们喜欢以什么样的顺序进入社区，哪个机器人首先使用裂缝较少的人行道，哪个必须穿行到另一边或等待轮到它们。有许多算法可以采纳多机器人的这些相对偏好，以收敛于可用资源的"公平"分配，同时仍保留每个机器人的完整计划和目标的私密性。在基于市场的方法中，每个机器人同时扮演着任务或选项的买家和卖家的角色。

拍卖是由一个"拍卖师"智能体协调的，在特定的谈判阶段，该智能体宣布一套可用的任务和选项。每个想要执行一项任务或保留一个选项（例如，通过某个街区）的机器人都会根据自己的偏好提交投标。每个机器人必须知道自己如何评价任务或选项，但不知道其他智能体的偏好信息，机器人的偏好通过一个交互式的竞标和分配过程来协调。这种方法消除了一些权威机构维护关于机器人私人信息或目标的全球信息的需要，而且它足够灵活，可以适应投标过程中涉及的机器人数量随时间的变化。

想想 2017 年旧金山的情况吧，当时该市决定，在一个给定的区域内，不能有超过 9 个人行道送货机器人。很容易想象到，有十几家不同的公司向城市人口最密集的地区提供工作机器人服务，包括外卖、包裹递送、购物和跑腿机器人。不同的公司将不得不协商路线，以确保人行道不会阻塞行人。想象一下，每有一个新的机器人进入该区域，它就会提交一份"出行计划"，并在城市街区中沿其首选路线保留一个位置。机器人不能确定会得到其首选路径，所以它还提交了一些不同的可能路径的排名。机器人的"出行计划"不是通过像空中交通管制这样的权威机构，而是通过分散的行动方式和竞标过程来确定的。随着机器人进入和离开空间，以及越来越多的机器人请求进入（在未来的机器人高峰时间），机器人将使用算法以公平的方式重新协商它们的计划。

将拍卖算法直接应用于协调多组机器人的挑战是：每个机器人在单独评估自己的优先级以及任务和选项的偏好时可能会有困难。在动态的世界中，任何一个机器人或一组机器人所掌握的关于这个世界的信息很快就会过时，一个机器人可能认为它正在竞标一条通往最繁忙街区的最快路线，但在路上却发现一根树枝在昨晚的暴风雨中掉了下来，需要绕道而行。与此同时，就在几分钟前，另一个销售商的机器人发现了同样的障碍，也开始绕道而行。然而，尽管公司不希望机器人分享客户名单、时间表或其他任何敏感数据，但毫无疑问，这些公司都将从某些合作协议中受益——这些协议将汇聚关于世界的一些数据。事实上，他们需要一个类似 Waze 的机器人众包平台。

在 Waze 应用程序中，我们分享有关交通事故、弯路和其他可能对其他司机有利的信息，作为回报，这些司机也会与我们分享信息。为他人服务的同时，我们不需要分享任何关于我们要去哪里以及为什么要去的敏感信息。就像我们坐在车里担心今天桥上会不会堵车一样，机器人也会坐在十字路口，根据昨天的数据盲猜它们能以多快的速度到达目的地。除非我们给机器人一个交流的渠道，让它们可以分享关于这个世界的信息，否则它们经常会出错。精心设计的任务和选项拍卖无法直接帮助机器人实现它们的目标，而且机器人会让周围的每个人在这个过程中遇到更多困难。

那我们呢？想象一下，在未来世界，这些机器人和机器人之间的问题被解决了，机器人通过许多不同的方式进行合作、共享信息、完善目标，并安全有效地在街道、工作场所和家庭中进行谈判。它们的一些方法对我们来说甚至没有意义，因为它们的目标不清楚或者是由嵌入不透明的机器学习算法中的代码所限定的。那么，对于机器人的所作所为，我们到底需要知道什么？为什么？

我们已经讨论了为什么人类可能需要被从回路中移除，并介绍了三种不同层次的最小化人类参与的模型：只有从人到机器人的输入，不提供任何反馈；知情消除法，即人仍然提供信息来监控系统的行为；以及将人类置于指导者的位置，在这个位置上，来自监管者的高级指导被转化为机器人的细粒度控制输入。任何给定情况的适当模型都将取决于特定的环境，比如我们是否考虑在人行道上通行时的人机微交互，或者在交叉路口和旅行路线上的协商。

还有一个令人兴奋的新的开放设计空间：我们将如何从世界各地的人那里众包知识，使机器人群体变得更聪明、更有能力。比如 Waze 游戏化的信息分享过程，很多人会主动提供新信息，因为他们意识到这样做的好处会回馈到自己身上。他们这样做是因为好玩！我们可以考虑设计类似的应用程序，让人们帮助机器人变得有趣。当然，好处也会回馈到他们自己身上，因为我们的包裹会按时被交付，而机器人也不会成为麻烦。

　　类似地，我们可以设计一些应用程序，让街上的行人可以窥视机器人的大脑——它们看到了什么，它们计划走什么路线，它们为什么改变了方向。假设你正推着婴儿车走回家，看到一个机器人挡在了路上，而且它似乎什么也不打算做。让婴儿车绕过机器人有些困难，于是你拿出手机，打开机器人众包应用并选择离你最近的机器人。从应用程序中的机器人视角，可以看到这是一个披萨外卖机器人，它正在等待用户从附近的公寓楼出来取披萨。通过在应用程序中点击几下，你礼貌地告诉机器人它挡住了行人，并把它指向附近人行道上的一个安全位置。机器人向你表示感谢，然后将这个新信息分享给以后经过这个区域的其他机器人。完成这个小动作后，你就不用担心其他公司的机器人再次以这种方式挡住你的路了。虽然正确地使用接口并非易事，但通过利用第5章中的设计方法，我们可以开发相应的接口，这些接口使机器人的功能对旁观者透明且可由旁观者指挥，我们也可以迅速校准其对系统的信任。

第 8 章

这座城市是半个机器人

这是周五晚上，你没有像计划的那样去商场为孩子的生日派对买礼物，所以，你登录亚马逊，看看有什么可以通过 Prime 会员第二天送达的。除此之外，你还找到了需要更换的灯泡，并在推荐区域中发现了一本新书。你点击"下单"，不久之后，亚马逊仓库里的机器人就会快速移动，以确保货物准时送达。

仓库里满是小巧而扁平的机器人，它们在装满从搅拌机到羊毛大衣、再到台锯的各种东西的货架下移动。一旦到达需要的架子下面，机器人就会把它抬起来，然后在仓库里运输。当你的订单开始排队后，其中一个负责你的产品所在货架的机器人就会收到通知。机器人快速穿过仓库，走走停停，向左向右，围绕着其他也在仓库里移动的机器人"跳舞"，这真是一道美丽的风景。

你可能会想：这些机器人是如此智能和高效，比人类工人强得多。在某些方面，确实如此。但如果你参观过亚马逊的仓库，还会发现每个机器人几乎都是"瞎"的。机器人的传感器很少，它们通过工人贴在地板上的纸来"导航"自己的世界，这些纸被称为"基准点"。仓库是一个大型网格，每个格子的地板上都有独特的图案贴纸。这些机器人只是简单地追踪它们所经过的图案的顺序，以确定位置。有时，贴纸会被机器人的轮子撕裂，此时人们会让机器人停下来，回到这片区域中把纸重新粘到地上。目前亚马逊在全球拥有 175 个物流中心，其中的 26 个中心有机器人在穿梭，人类和机器人一起为用户完成订单。

上面的设计听起来可能像是一个不怎么高级的解决方案。但是亚马逊这个世界上最成功的公司之一，仍然选择把纸粘在地板上，为什么呢？因为传感器少的机器人比传感器多的机器人更便宜，但更重要的是，采用这种方法，失败的可能性更小。如果你给机器人编程，让它们只是遵循地面上的图案，那么它们就会比能够"观察周围的世界、探测障碍物、规划绕过障碍物的路径，然后继续寻找目的地"的机器人要可靠得多。换句话说，有时候简单才是最好的。未来的工作机器人将是昂贵、复杂的机器，但最终，它们仍将需要我们的帮助，有时，这将需要我们做更多的工作，而不仅仅是给它们指示方向。我们的社会目前还不能满足独立机器人的需求，我们也不清楚能否简单地制造出只需要现有基础设施的机器人。我们需要做一些改变。好消息是，我们可以用小而简单的方式改变环境，这将使我们的世界对功能有限的机器人而言变得更加友好。在这一章中，我们将探索在地板上贴纸的类比，这将帮助工作机器人实现可靠的导航。应当如何改变我们的环境和基础设施，为无缝集成这些新实体的未来铺平道路？我们能对道路规则做出哪些或大或小的改变？鉴于我们无法像改变仓库或工厂那样在几天或几周内改变街区、街道和商店，我们所需实现的接纳更大变革的前进道路又是什么呢？

我们的环境是为了便于组织人们在其中的行动而构建的。我们有交通灯、州际闸道和人行横道，以安全有效地协调司机和行人的活动；我们在门上标记"出口"，以防止人们在错误的地方进入建筑物；我们在火车站的轨道上标记号码，以帮助旅客找到正确的火车；限速标志沿着高速公路有条不紊地放置，因此当我们从城市街道过渡到高速公路时，可以了解到安全速度是多少；橙色的交通锥排列在建筑工地上，告诉路人危险活动正在进行，道路或人行道可能会关闭；在繁忙的街道旁设有人行横道警卫，当孩子们过马路时，他们会举起双手示意汽车停下来。机器人需要相同类型甚至更多的基础设施和相关支持。与我们相比，机器人的感知系统在许多方面都处于劣势，它们吸收了大量关于周围世界的数据，但它们在从这些信息中获取意义方面不如我们，这也意味着它们需要的环境支持与人类需要的不同。它们需要的会是什么呢？为了启发思维，我们可以看看工业环境是如何被重新设计以支持先进机器的。

普通乘客可能意识不到他乘坐的飞机正在航线上飞行，这种围绕着一个固定的地面信标网络而设计的虚拟轨迹彻底改变了航空安全，这些导航设备帮助飞行员和空中交通管制员跟踪飞机的位置，并且在全球定位系统出现之前就已经在使用了。此外，我们的空域被分成不同的飞行高度和轨迹，就像高速公路上的车道一样，只是这些车道非常宽且非常高，以适应飞机的高速、位置估计的潜在误差和其他因素（例如每架飞机产生的尾流）。今天，垂直的航道彼此相隔一千英尺（约三百米），天空中的这些航道最大限度地降低了飞机意外穿越对方航道并发生碰撞的可能性。这还简化了管理空中交通的程序，例如，如果两架飞机处于即将发生碰撞的过程中，我们并不会试图准确计算飞机何时到达碰撞点，或者建议其中一名飞行员进行轻微的机动以防止碰撞，实际上，空中交通管制员通常会要求一架飞机爬升一千英尺，然后两架飞机就可以保证不会相互靠近，也不会靠近空中的其他飞机，因为它们在不同的航道上。

以这种方式构建空域对航空运输的效率和安全产生了巨大的影响，因为它提供了明确的规则来规范空中每架飞机的行为。这也使航空旅行更加高效，因为这种规则是有组织的。随着技术的发展，使用卫星导航和自动位置报告的每架飞机都具备更强的导航能力，出现了一种新的更具适应性的方法，称为基于性能的导航[1]。只要飞机的导航能力等于或优于基于信标的方法，航空公司就可以申请偏离这些航线的更灵活的航线，从而减少整体飞行时间并提高燃油效率，空中交通管制程序已经能够维持这些高性能飞机的安全。例如机场附近的空域这种高流量区域，由于非常繁忙，所以需要严格且一致的组织，因此，即使装备强大的飞机也仍然是用清晰的航迹来管理的。

在美国、欧洲和其他地方的工厂里，我们为机器人构建和组织空间，就像我们为商用飞机构建和组织空间一样。因为机器人获得了感知能力和智能，于是就像在航空领域一样，我们为机器人构建和组织空间的方式正在变得更加灵活。之前，我们通常在机器人周围建造围栏，以确保它们不会对人类工人造成安全隐患。

但是随着技术的发展和新的安全措施的开发，这种模式正在迅速消失。科学家为人类和机器人创造了新的动态标记"个人空间"的方法，这使得人和机器人在制造过程中可以进行密切的合作，而不会使工人处于危险之中[2]。工业环境配备了新的传感器，可以有效地充当虚拟围栏，取代机器人和人类空间中的静态界限。

在新系统中，如果工人靠近机器人并越过虚拟围栏，机器人会立即停止移动，以确保不会意外地与工人接触。甚至在更高级的版本中，传感器被用来创建动态安全区域，在该区域中，人和机器人之间的距离被主动监控，当人靠近机器人时，机器人会主动减速，给人提供在机器人完全停止之前做出反应的缓冲时间。把这一过程想象成两个人在狭窄的走廊里相遇：当你靠近对方时，你们都放慢速度，以确保能及时避开对方。这种简单的转换——从物理围栏到虚拟围栏，从安全空间的静态划分到安全区域的动态调整——提供了完成制造任务中的人机协作的新方法，这种协作允许人类或机器人比各自单独工作时更有效或更高质量地完成这些任务[3]。组织、装备、适应环境和确保机器人不会对人类造成安全危害，这些概念正逐步在工厂中成为现实。航空旅行和工厂作业是未来更多人机合作的先导者。在未来的世界里，我们将与无数智能机器人共存，但它们将比我们今天拥有的机器人更先进，它们是会不断进化的。

我们已经吸取了经验教训，规划出一条通往合作社会的道路。在这方面，航空的历史同样具有启发性，从最早的时候开始，飞机就需要仔细协调[4]。起初，我们只是在晚上用跑道末端的篝火来发出关于跑道位置的信号，飞行员通过寻找强光来找到需要着陆的地方。后来安装了信标，即使在阴天，飞机也可以使用无线电导航来找到跑道。发射机广播一个调制信号供飞机接收，飞机使用接收信号之间的飞行时间来计算发射器的位置。并且，该数据也用于确定飞机的位置。最初这是手工计算的，现在则是自动化的，经过几十年的改进，这种方法变得非常强大。第二次世界大战中出现的雷达监视，允许空中交通管制员不依赖发射机就可以在飞行中跟踪飞机，雷达监视在机场周围拥挤的空域尤其有用。

但真正的空中交通革命发生在 1956 年，起因是两架飞机在大峡谷上空相撞[5]。飞机在不受控制的空域运行，飞行员需要在没有任何外部帮助的情况下"看到并避开"其他飞机。两位飞行员都在分散的积云周围飞行，以便更好地观察大峡谷，但他们都进入了同一片云，因此不可能看到对方。两架飞机在云中相撞，128 名乘客全部遇难。

这场发生在商业航空兴起期间的空中碰撞引起了恐慌。当时的航空规则中没有有效的条款来保护飞机免受此类冲突，解决办法是集中管理空域。在美国，国会拨款 2.5 亿美元用于升级航空系统。为了监督这一新系统，美国创建了联邦航空管理局（Federal Aviation Administration，FAA），该局被授予比其前身民航局（与军方共享空域权力）更广泛的权力来应对航空危险。FAA 实施了扩展飞机之间间隔的积极策略，并计划用"超级空中通道"连接东海岸和西海岸的主要城市，并用单独的规则开拓空域以方便繁忙的跨国旅行。

这后来演变成目前组织空域的系统，包括分离规则（空中航道）、飞行员训练要求和机上安全设备。在空域更繁忙的地区（如大型城市机场周围）有更严格的规定。在需求最高的空域，如从急流中获得最大顺风的北大西洋航线，则构造航道（类似于州际公路）以在保持安全的同时提供更大的通道。

FAA 第一任局长埃尔伍德·理查德·克萨达被德怀特·戴维·艾森豪威尔总统任命为"管理、建立、操作和改进空中导航设施"的负责人，规定所有飞机的空中交通规则，并进行相关的研究和开发活动[6]。从根本上来说，所需要的是针对包括领空在内的共享航空资源的某种合作机制，这种机制最好通过一个中央组织来管理。我们是否需要这样一个中央机构来制定规则、开发外部导航支持以及规范机器人操作和控制的其他方面？有可能，但至少在不同机器人将利用的个人共享资源（我们的道路、人行道、走廊和过道）方面的行业合作将是关键。

航道对飞机来说似乎是个好主意，但是对于一个需要在拥挤的超市过道中从你身边经过的机器人来说，这个主意有多大用处？目前还没有为机器人和人留出单独的"车道"：人们只能推着大型购物车勉强擦身而过。尽管机器人只是最近才在食品商店的过道中出现，但我们的工厂已经被这个问题困惑了很多年。

传统上，工厂里的机器人在与人类分开的空间里工作。今天的汽车工厂布满了巨大、快速移动的机器人手臂，但它们受控于操作室里的工人。机器人与人分开，因为它们只能在高度受控的环境中操作，例如零件需要精确放置——如果偏离准确位置几毫米，整个操作就会停止。机器人无法感知附近的人，如果有人进入它们的空间，这将是一个重大的安全隐患。

然而事实是，大多数工厂甚至汽车工厂中只有相对较少的工作可以为机器人精心构建。车身几乎可以完全由机器人制造，但其余的工作，包括安装电线、座椅和仪表板元件，仍然几乎完全由人完成，即使在现代汽车工厂中，也有一排排的工人在组装汽车。在可预见的未来，这项工作不能也不会完全由机器人完成，因为它需要机器人尚不具备的技能。但是制造工程师意识到，如果让机器人与工人一起工作，他们可以做得更好更快，包括机器人已经能做的工作，如组装、焊接和包装。机器人可以积极地帮助工人，例如在正确的时间交出正确的产品，而不是试图复制工人的任务，从而大大提高生产线的生产率。

因此，工程师正在重新审视以对周围人员安全的方式管理这些复杂机器的挑战。监控人类操作并预测人类需求的智能机器人，与关在笼子里的盲目的标准工业机器人，甚至与亚马逊仓库里使用粘在地板上的纸进行导航的机器人都有很大的不同。就像飞机在天空中穿梭的复杂编排一样，今天的工厂需要允许人类和机器人更亲密、更接近的舞蹈。为了做到这一点，我们需要相关安全保障方法来确保机器人不会伤害身边的同事。

按照国际标准化组织的规定，目前的解决方案是实施一种叫作"速度和分离监控"的方法[7]。正如飞机在空中要遵循不同的分离规则一样，工业机器人必须根据速度的不同而与人保持特定的距离。机器人移动得越快，就必须离人越远，当人靠近机器人时，它必须减速并停止。首批此类系统之一于 2017 年被部署在慕尼黑的一家宝马工厂，一名人类助手在一个高度是他两到三倍的高耸的橙色工业机器人下面工作，他们安全地协商共享厂房空间以完成汽车的制造[8]。

2016 年，协作机器人仅占机器人市场的 5% 左右 [9]。但我们的研究和其他研究表明，与人类在没有机器人帮助的情况下完成组装任务相比，人类和机器人之间的近距离协作可以更高效地完成任务，根据我们的一些研究，速度可快 85% [10]。因此，2014 年，协作机器人行业预计到 2020 年将增长 10 倍，每年的市场规模将超过 10 亿美元。 相比之下，2014 年为 9500 万美元 [11]。与机器人合作的"道路规则"不必一成不变。随着机器人能力的提高和我们对机器人的习惯，机器人可以随着时间的推移而适应环境；我们可以把机器人从固定的"车道"上移走，通过更动态的共享资源协商，我们将朝着将机器人融入人类环境的方向迈出一大步。

在许多方面，城市人行道对机器人来说比空域更难导航，人行道上可能存在的人类交互比装配线上要复杂一个数量级。道路上有坑洼，人行道上有裂缝，不像工业环境那样整洁光滑；有骑自行车的人匆匆走过，行人相互挨得很近，甚至在看手机上的新闻而不怎么注意道路。我们的生活充满了不协调的动态实体，它们的运动是无法预测的。获得正确技术的唯一方法（至少对于我们在本书中倡导的许多变革来说，这是正确的方法）是从简单的情况开始，并随着时间的推移而改进。环境设计也是如此，由于机器人在起步阶段的能力较弱，也没有得到足够的证明，我们可能需要确保机器人和人之间的清晰区分，就像我们在自行车道和机动车道上区分骑自行车的人，以及在人行道和机动车道上区分行人一样。随着技术的成熟，我们可能会采用更灵活的方法，但要有明确的约定。例如，半挂卡车和轿车共用一条车道时，尽管存在潜在的能见度和安全问题，但按照惯例，半挂卡车会在右侧车道上行驶，除非需要超车。减少汽车和卡车的换道行驶减少了发生事故的机会。高载客率车辆（HOV）的车道会随着车流而改变方向，例如早晚通勤时间，以帮助缓解最拥挤的道路。在匹兹堡这样的"智能城市"中，交通灯会根据交通流量来调整时间表。同样，我们的机器人可以依靠智能环境设计在不同的环境中提示适当的行为，直到它们能够在没有这种帮助的情况下自行操作。

为机器人设计的未来世界

之前我们已经讨论了如何让机器人更容易被人预测，但是我们也需要让社会可以被机器人更容易预测。换句话说，我们需要给它们足够的提示。

但首先，我们需要一种方法来表征机器人将经历的混乱或无序的程度，让我们称之为社会熵。机器人运行环境中的变量变化越多，熵就越高，机器人成功运行的挑战就越大。例如，人行道和车道很少改变，但是狗在人行道上乱跑或嗅灌木丛的行为是非常不可预测的，因此对机器人来说这是一个非常具有挑战性的障碍。当环境中的实体频繁变化时，会给机器人带来更多的惊喜，这需要机器人设计师承担起责任，仔细考虑机器人有一天可能遇到的一系列不可想象的情况。社会熵可以用每个实体的变化率来衡量（即实体在机器人周围改变状态的速度）。在本节的讨论中，实体可以包括基础设施、物体（如人和狗）、建筑物甚至道路规则（如限速）。我们的天空和工厂使用的技术旨在通过为机器人提供相关结构来减少混乱，并最终简化它们的任务和所需的技术能力。

我们可以将社会熵值分为三个层次：

1. 低社会熵：这一标准包括社会最稳定的那些方面，为我们公共生活中的组织和秩序提供基础，如基础设施、法律、道路、建筑和速度限制。这些都很难改变，需要大量投资、规划和精力才能修改。因此，它们很少变化，机器人可以从这种稳定性中受益。

2. 中社会熵：有些事情是周期性变化的，有时是频繁的，但是变化本身是可以预测的。这包括与高峰时间相关的交通模式、施工导致的道路封闭以及学校区域的限速变化。只要你知道支配变化行为的规则，就很容易适应中社会熵。

3. 高社会熵：我们不断遇到高度动态和不可预测的实体，包括从你前面经过的汽车或自行车，人行道上掉落的树枝，以及因事故导致的道路封闭。这些不断变化的因素可能会给我们的日常生活中造成困扰，这是迄今为止工作机器人面临的最大挑战。我们依靠庞大的规范库来成功地适应机器人，但是机器人还没有完全征服这些挑战。

社会熵不可能消除，然而，我们可以有系统地尝试减少它，以使环境对机器人来说更加可预测：

- 用有利于机器人的新规则来组织社会，就像今天从我们的管理原则中受益一样，比如道路上的车道以及常见的礼仪。
- 给社会配备对机器人来说像路标和交通灯一样可靠的标志和信号。
- 根据环境动态调整社会，就像我们在重大体育赛事或建筑工地等具有挑战性的情况下所做的那样，例如，我们可能会为汽车和行人添加新的规则。

组织世界来帮助机器人

我们可以通过组织机器人操作空间来帮助机器人与我们共存。人类社会依赖于一个可预测的空间组织，依赖于管理行为的明确规则和程序。在高速公路上，车道之间都是被清晰划分的，我们都知道要从左边通行，也知道有一条拼车专用道。这种空间组织简化了原本复杂的任务，避免了大量汽车挤在一起高速行驶。我们不必留意四面八方疾驰的汽车，而是待在自己的车道上，如果前面的车开得太慢，我们就从左边超车。

为了让机器人成功地在不受控制的公共空间中通行，我们需要将机器人的需求纳入我们组织社会的方式中。如果我们能找到为机器人腾出空间的方法，我们就能确保可靠、安全地对机器人进行操作。

在某些情况下，我们可以在车道或人行道上为机器人奢侈地创建一条专用道。我们的州际公路将需要一条专用于自动驾驶车辆的车道，类似于 HOV 车道，特别是如果我们希望自动驾驶半挂卡车以每小时 65 或 70 英里（约每小时 105 或 113 千米）的速度行驶时，要确保它们的引入不会对我们的安全构成严重威胁。在这项技术还未被证明是安全的之前，我们甚至可能需要在自动驾驶车道和其他车道之间设置物理屏障，这可能需要对基础设施进行大量投资，但在开始时，我们可以通过在一小部分时间或地点共享和重新利用现有基础设施来测试解决方案。例如，现有的 HOV 车道可以在每天的特定时间段内被半自动驾驶汽车所使用。

我们也需要以新的方式容纳机器人，例如在机器人交通繁忙的地区使用"机器人人行横道"。比如，当机器人进出商店的储藏室时，我们需要告诉孩子们在机器人人行横道上停下来，并像对待其他地方的人行横道一样认真对待它们。这种类型的划分将帮助人们了解需要在哪里提高对周围机器人的可能性的认识。这还将创造机器人获得通行权的区域，这是合作共存所必需的。机器人车道和人行横道将在高熵的整体环境中提供低熵的区域。

当然，环境的任何改变都伴随着艰难的选择。安装这些车道的费用谁来负责和承担？谁将受益？当然，我们不能把改造每一条人行道和每一家商店作为这些机器人成功的先决条件。在哪里设置这些机器人人行横道和车道？在哪个社区和哪个商店？这些选择将要影响谁可以接触到新的工作机器人，谁可以从中受益，以及谁可能要忍受大规模引进新技术带来的日益增长的痛苦。我们需要有意识地考虑谁将做出这些决定，以及通过什么样的过程做出这些决定。我们可能会认为，在不久的将来，机器人使用现有的界限分明的人行道或自行车道是有好处的，但这一决定也将对机器人设计产生影响。在人行道上遵循社会规范的机器人与在自己车道上骑车的机器人是截然不同的。

另一个选择可能是社区与机器人公司合作，就机器人送货窗口达成一致，例如，一辆包裹卡车从人行道上卸下一队送货机器人，只在上午 10：00 至 10：30 以及晚上 7：30 至 8：00 在社区中送货。我们知道在这些时间里要把孩子和宠物留在家里，不要去跑步，减少机器人的社会熵，使它们更有效地工作。但是我们真的会这样做吗？这些决定会限制我们的自由和灵活性。选择不遵守规则的人会怎么样？不管怎样，请记住：工作机器人的设计不能与社会的设计分开。

装备世界来帮助机器人

除了通过组织公共空间来帮助机器人之外，我们还可以通过装备世界来帮助机器人，这将涉及让各类标识和线索更清晰地供机器人获取。

正如我们已经谈到的，人们能够接受非结构化和稀疏的信息，并将其与以前看到的模式相匹配。如果某个街道标志被挡住了一部分，我们仍然可以拼凑出部分单词，猜测街道的名称，但是机器人很难做到这一点。此外，我们可以同时接受许多线索（如肢体语言）来获取隐含的信息，而不是仅仅通过明确陈述的信息。我们很容易适应道路规则的变化，例如新出现的工地标志。相反，机器人直接测量世界，并精确地使用这些测量值，这使得机器人很难处理意外的信息以及数据中的不确定性。

我们可以通过添加专门为机器人设计的路标，或者稍微修改已有的路标，使它们更容易被机器人理解吗？在某些情况下，我们已经为不具备正常感知能力的人做了这件事，例如为失明或视力受损的人创造了不需要完美视觉就能获取关键信息的方法：当人行横道信号灯闪烁时，会发出一系列哔哔声；借助地面上的凸起图案（被称为触觉地面指示器），你可以用脚底感受到从人行道到街道的变化。

我们还可以设计一些方法，通过将新的感知辅助设备整合到环境中，来帮助机器人更可靠地在这个不可预测的世界中行进。在这里，我们可以从 Roomba 中寻找灵感，一些 Roomba 配备了信标，用户可以用信标来创建虚拟墙，以划分他们不想让 Roomba 进入的空间。这就像一个"请勿打扰"的标志，例如，当孩子把玩具堆满地板时，在周围围上虚拟墙非常有效。同样，机器人割草机会用栅栏来标记院子的边界，以确保不会误入邻居的院子。

在未来，我们将需要更多的物理和数字路标来帮助机器人与我们共存。有时候，这些物理路标是全新的，给我们的世界增添了新的东西，就像工厂里的地面贴纸一样给机器人提供可以遵循的指导。我们还可以修改现有的标志，使它们对机器人来说更加鲁棒。例如，可以添加二维码或机器人可以感知的其他类型的信号，我们需要对这些信号进行标准化，使它们具有机器可读性，并使其不会受到正常磨损的影响，这样机器人就可以基于这些信息进行训练并可靠地使用它们。

公共空间的数字信息也可以用来帮助机器人。智能城市正在收集大量有用的信息，并能够将这些信息传递给机器人。我们已经有了一个快速增长的数据库。例如关于交通模式和犯罪检测的数据库。从车辆到一切（Vehicle-To-Everything，V2X）目前正在慢慢构建，它为车辆提供了一种与基础设施、网络、其他车辆、设备甚至行人进行通信的机制[12]。V2X 使用 Wi-Fi 和蜂窝通信来实现简单的功能，如传达交通信号变化，或发现可用的停车位和充电站。有了这些信息，机器人将能够更容易地在对它们来说具有挑战性的区域行进。

适应智能环境，打造更智能的机器人

我们已经讨论了设计具有自动化功能的机器人的重要性，这样我们就可以在广泛的情况下推断或预测它们的行为。但这一切责任不一定都要落在机器人肩上。事实上，我们也可以使用人工智能来设计环境，以便机器人和人类的行为都更可预测。

这些设计元素中的一些将基于我们已经在使用的功能可见性。我们早就知道，精心设计的环境可以有效地指导我们自己的行为。在黑暗的电影院，出口标志和地板上的发光二极管照明引导人们沿着过道前行，这在紧急情况下至关重要。街道上的路障和标志引导司机绕过施工道路，机场的路障和标志可能会引导你通过免税商店，而不是绕过免税商店，这样你就更有可能在去登机口的路上买东西。

人工智能的一个分支称为目标识别设计，旨在开发出能最优地配置环境的算法，即选择在哪里以及如何设置障碍和信号[13]。其目的是决定如何修改环境，以便尽可能早地完全预测智能体的行为。一个能够预测某人将要去哪里的机器人可以机动地避开那个人，或者计划在任务中合作或帮助他人。对于机器人来说，能够预测人们在环境中的路线或与之互动时的行为将是一个强大的功能。有趣的是，即使只放置了一个障碍物，也可以让你在开放空间中的移动变得更容易预测。考虑以下场景：你手里拿着购物清单走进一家商店。你几乎永远不可能径直奔向清单上的第一件商品，取而代之的是，几乎总是有一个显示器在你周围出现，如果你向左转，你可能会被引导到农产品区，这是典型的食品商店的起点；

如果你向右转，你也是在透露关于购物目标、优先事项和可能的轨迹的信息。许多不同种类的障碍会在我们的行为中造成这种分歧，其中一些方式比其他方式更具侵入性。新的人工智能技术提供了一个自动化环境设计的机会，以提供急需的结构来减少中社会熵。

类似地，不引人注目但适时出现的信号可以大规模地改变人类行为。想想在镇上散步的场景，根据交通灯和行人信号的时间，你可能会在街道的一边或另一边穿过，在你看来，只要你朝着目的地前进，两种方式都没问题。现在十字路口有个机器人在你对面，它的行动取决于你是在这里过马路还是在那里过马路：要么你会让机器人等待右转给行人让路，要么你们可以同时继续前进。要实现这一点，交通灯和行人信号必须适应人和机器人的世界，必须对多变的情况做出反应。交通流量随时间的平均值不足以确定这些相互作用，相反，整个城市交通系统必须在一定程度上围绕人类和机器人共享街道空间的个人需求和目标进行组织。优化人类和机器人的轨迹将被简化为简单的反冲突问题，就像空中交通管制一样——但在这种情况下，是为了防止和管理城市街区之间的冲突。通过这种方法，我们将减少高熵区域的混乱，使其更易于管理。

克服未来世界的社会熵

现在再想想未来的商店，机器人跟着商店的地图走，就像我们开车时跟着谷歌地图走一样。过道上的数字标记亮起来，引导着机器人穿过商店，货架重新配置，使机器人更容易取到东西，环境变得"活跃"起来，帮助机器人找到它们的路径。不是每个商店都有办法或迫切需要这样做，但没关系，少数几个这样做的商店将为我们提供实验的机会，这样我们就可以找到在这些空间中减少社会熵的最佳方法。在早期，我们将为用户创造空间，把拣商品这项死记硬背的任务加载到机器人上，有资源这样做的商店被鼓励去改变环境，因为工作机器人将提供更多益处。

商店是一个混乱的地方，许多变量构成了它的社会熵。想想看，当你下班试图快速买完物品回家，但你想要的物品在另外一个地方，再或者过道里挤满了像糖蜜一样移动缓慢的手推车，有些人在仔细浏览购物清单或决定购买哪些物品时堵住了过道，你会感到多么沮丧，并且结账队伍也很长。现在想象一下，在未来，你可以在 Instacart 这样的应用程序上订购食品及杂货，但订单不是发给人类购物者，而是放在机器人购物者的队列中。对于机器人来说，在拥挤的过道中找到你想要的东西，同时避免干扰旁观者，会有多困难？商店将需要重新设计以减少社会熵的影响，不仅是针对送货机器人，而且也针对重新进货或为客户运送物品的机器人。

为了解决这个问题，我们必须首先关注商店的哪些方面是低熵的。虽然商店可能会移动某个食物，但是，农产品、面包、奶制品、肉类和熟食的基本布局并不经常变化。因为重组这些区域需要太多的计划、努力和金钱，所以这种情况不常发生，社会熵也很低。当我们走进一家熟悉的商店时，我们已经知道所有东西在哪里，如果商店向机器人提供商店布局的数字地图，机器人也同样能够上路。

　　该地图将使每个机器人能够粗略地规划其通过商店的路线，但它不会告诉机器人特定物品的确切位置，或者特定物品是否丢失或缺货。库存会根据最后一批货物的日期、补货时间表以及最近有多少人和机器人来寻找特定的物品而变化。机器人肯定需要自己的视觉和感知系统来识别和检索物品，并随着时间的推移不断完善地图。但是，考虑到许多高社会熵的实体——人、孩子和来回穿梭的手推车，机器人将如何规划穿过商店的路线呢？

　　理解商店每天和每周的活动节奏——中等熵——可能会带来不同的影响。例如，假设商店周一没有收到新鲜的鱼，因此，周初鱼市场的选择更加有限，但仍然有冷冻鱼；或者机器人可能知道，在特定的时间，特定过道的行人流量往往会更少，所以它可以通过这条路线更快地到达乳品区；机器人还知道下午 5 点到 7 点之间有一个品酒亭，所以它假设那时酒品通道会很忙，可以避开那个路线，在其他人烟稀少的过道上滑行，而不是在那些对免费葡萄酒比对周围任何东西都更感兴趣的人群中穿梭。

　　不过，这个可怜的机器人偶尔还得勇敢地面对人群，穿过人山人海为顾客拿回一瓶酒。饮料通道是不可避免的，那里太拥挤了，机器人无法通过。这时机器人该做什么？

　　首先，商店必须得组织起来。例如，过道可以设计成单向低流量通道，类似于一些城市街道，过道外的空地可以被指定给那些想停下来品尝葡萄酒的人。现在，即使跟在一个步速非常慢的人后面，机器人也保证会沿着过道前进。当然，也可以为机器人创建机器人人行横道，以安全地穿过特定的高人流量交通区域。

其次，必须装备商店。货架上的库存实时传感可以告诉机器人物品在哪个货架上，并告诉它是去拿只剩一盒的通心粉和奶酪还是去有一整排盒子的货架。实时感知和报告不同通道中的人数以及位置可以帮助机器人调整路线，通过这种方式，多个机器人可以在可能的情况下共同遵循惯例或指导方针，从而形成一个群体。与机器人单独在商店里漫步相比，机器人群体对顾客的影响可能更小。此外，如果机器人能避免因为一名顾客正站在原地仔细检查一盒华夫饼背面的所有成分而停下来，机器人在过道上的移动将会更加有效。出于同样的原因，机器人可能会规划一条通向开放过道的路径，但一旦到达那里，就会看到一群人正推着购物车。按照惯例，机器人可以给人们让出空间，然后走向不同的过道。

最后，环境可以被调整来引导机器人沿着最佳路线前进。商店的设计已经有了流程：你走进农产品区，然后被引到肉、鱼和熟食区，接下来，你在过道上走来走去，寻找烘焙食品、罐头食品等，最后来到商店的另一边，那里有乳制品。现在想象一下，根据当前的情况，商店用发光的箭头来引导你通过最有效的路径到达目标位置，货架本身是可移动平台上的机器人，根据不同季节或一天中的不同时间，略微扩大和缩小过道的大小，并重新定位产品。人少时过道会尽可能窄，而当一群机器人和顾客必须在过道上快速移动时，过道会变宽。就像我们给正在用一辆大推车补充货架的员工提供额外的空间一样，货架会在正在补充货架的机器人周围折叠，以确保顾客不会干扰机器人的任务。商店本身变成半个机器人，通过不断重新配置使人类与机器人的混合社会成为可能。

　　现在，想象你的邻居也活跃起来，共同创造一个人与机器人合作的环境。车道线被数字标记照亮，这些数字标记会根据交通流量而变化。它们引导机器人进入一个单独的区域，并使用交通灯来提供人和机器人之间的空间。当交通密度增加时，该区域一分为二，汽车可以通过。当街道和人行道上的机器人接近人行横道时，它们会停下来，因为当儿童过马路时，学校的十字路口警卫会创建一堵虚拟墙。关于交通模式和建筑工地的实时信息允许机器人绕过这些区域，或者，如果它们必须进入这些高社会熵的区域，则会相应地改变行为。送比萨的机器人沿着人行道导航，来到附近的公寓，公寓门口被数字标记照亮，这样机器人就可以找到送货的确切位置。这座城市也是半个机器人，它将帮助并引导机器人，使它们能够管理不断遇到的不同层次的社会熵。

第 9 章

培养机器人需要全社会的共同努力

那是 2016 年 5 月的佛罗里达州，一名司机在驾驶特斯拉汽车，他将巡航控制设置为每小时 74 英里（约每小时 119 千米），并打开了自动驾驶仪[1]。汽车处于控制之中，是时候伸展身体放松一下了，司机开始信任自动驾驶仪，尽管自动驾驶仪在启动后多次发出警告信息，告诉他自动驾驶仪是"一个辅助工具，还是需要你一直把手放在方向盘上"。但司机没有理会，也没有把手放在方向盘上，在 37 分钟的车程中，他只有 25 秒钟的时间在开车。

36 分钟后，一辆很高的牵引拖车在这辆汽车前面穿过公路，特斯拉的传感器没有识别出这俩拖车。在明亮的天空下，特斯拉的摄像头很难看到这辆卡车白色的侧面，而不寻常的高度使它看起来更像汽车雷达上的路标[2]。特斯拉全速冲向卡车，车顶撞上了拖车的底部，被整块扯掉了。尽管司机已经趴在地上不省人事，特斯拉还是从卡车下面通过，继续以每小时 74 英里的速度在高速公路上向东行驶了大约 1 英里（约 1.6 千米）。之后特斯拉离开了道路，撞碎了两个栅栏，撞上了一根电线杆，就在即将造成更多事故之前，它终于停下来了。

你可能认为这是一个懒惰的司机，没有意识到他的汽车驾驶技术存在潜在缺陷。但他很清楚自动驾驶的危险，这里有一些他在社交媒体上发布的关于特斯拉的评论：

在自动驾驶的目前发展阶段，让人太舒服反而使得危险更大，在这一点上，我们确实需要注意。这项技术目前还处于发展的早期阶段，如果自动驾驶仪做不到一些事情，人类应该准备好进行干预。我在另一条评论中谈到了当前硬件的盲点，有些情况下做得不好是正常的。这不是一辆自动驾驶汽车，它们正在学习大量关于汽车驾驶的数据；我很乐意帮助训练它。我很好奇硬件的第二版会是什么样的，以及会启用什么新技术[3]。

如果连他这样一位明知道自己面对盲点且仍需积极参与培训与提升技术的人都会变得自满，我们又能指望普通公众做些什么？这些公众只是有时自愿或不自愿地与仍在学习如何行动的机器人进行交互。

特斯拉报告称，这是在超过 1.3 亿英里（约 2 亿千米）的里程中，自动驾驶系统被激活时发生的第一起已知死亡事故。这与每 1 亿英里 1.25 人死亡的总体汽车死亡统计数字相当。

但是在这场悲惨的事故发生之前，有多少起未遂事件或事故发生呢？在公开报告的统计数据中，每隔 5000 英里，司机就会接替自动驾驶系统来处理一个危险情况[4]。我们能从这些危险的时刻中学到什么，以帮助我们在失去更多生命之前来解决问题呢？

在佛罗里达事故的案例中，特斯拉声称已经解决了这个问题。但它到底是如何做到的仍然是个谜。其他自动驾驶汽车厂商呢？

他们是否也能够从这一悲惨事件中吸取教训，并利用自动驾驶系统防止这种情况发生呢？

因为目前的机器人制造商并没有公开数据，所以我们也不知道这些问题的答案。在人工智能不断扩展的领域中，一个被广泛引用的现实是"更多的数据通常胜过更好的算法"。这些制造商承认，随着收集更多的数据并用于训练，系统的性能会大大提高。但这也意味着，随着系统的部署，存在一种内在的市场动机来严格保护数据。制造商还没有完全意识到，或者还不想承认，这不仅仅是为了保持公司数据的所有权，更是为了主宰市场。这是关乎机器人安全的问题，并且事关生死。

数据是有价值的，因为算法使用的规则是由人设计并经过手工调整的，使产品能够处理各种各样的场景。由于开发成本如此之高，公司一定希望将这些专有信息保密，从而在竞争中占据优势。尽管近年来我们在科技领域取得了许多成功，但这是一种有根本性缺陷的方法，因为人们无法穷尽算法需要做出决策的所有情况。另一方面，在机器学习中，机器人或系统从数据中学习特征和模式，所收集和训练的数据越多，系统能够处理的场景就越多。因此，我们有责任与社会分享数据，提升日常生活中的所有机器人系统的性能。机器人的开发、调整和改进取决于对自动化的使用和对其在现实场景中的表现的了解，当机器人遇到设计者从未预料到的情况时会发生什么？这些数据对于改善系统尤其重要。制造商测试通常只能涵盖新技术的所有已知缺陷和已知挑战情况的子集，那些未知的相互作用是未经测试的，根据定义，它们一开始是未知的，等待着机器人进入现实世界时被发现。如果我们能够集中收集和共享关于事故和安全问题的数据，就可以在全球范围内快速跟踪这一学习过程。事实上，这可能也是唯一的办法。

随着可预防事故数量的增加，公众会支持机器人制造商秘密囤积数据多久？制造能够在现实世界中生存的机器人的唯一方法是从我们犯的错误中吸取教训，并相互分享来之不易的智慧。

这个期望是现实的吗？

你可能认为要求公司放弃专有资产是不合理的，这不利于竞争。但是你知道什么对行业伤害更大吗？是破坏公众信任的灾难性事件。

我们可以再看看航空界，这是少数几个在制造商、航空公司和工会之间大规模共享数据的行业之一。1958 年，在美国参议院之前，联合航空公司总裁威廉·帕特森（William Patterson）的证词在一定程度上推动了收集、汇总和分析运营数据的系统的创建[5]。帕特森在听证会上就建立联邦航空管理局的联邦航空法案作证，该法案统一了对空域的控制，并改变了安全规则的制定和实施方式。帕特森在作证时指出了在整个行业共享安全趋势数据的重要性，他指出，事故数据可以让我们对运营问题有更好的了解，并允许我们在这些问题导致悲剧之前进行纠正。用他的话说，通过共享安全趋势数据，我们可以"防患于未然"。美国联邦航空管理局安全局局长鲍比·艾伦（Bobbie R. Allen）后来将累积的小型航空安全事件统计数据称为"沉睡的巨人"[6]。这些努力的结果就是，即使没有导致事故，飞行员和空中交通管制员现在也要提交安全事故报告。这些问题可能包括导航设备故障、飞行员与空中交通管制之间的程序故障，或任何其他与安全相关的事件，平均每周提交 2000 份报告，每月查询 1600 次以上 [7]。

随着更多机器人进入日常生活，关于我们可以期待的东西有许多推论。每一种机器人、每一个制造商、每一个用户都会经历一些小的安全事故，每一次事故中也都会包含一些真知灼见。如果我们综合这些因素，将更有可能预测和预防更大的问题。如果这些数据仍然被隐藏，我们只能学到更少的东西，并且需要更长的时间来学习，更有可能的是，我们所学的东西只会在一些灾难性事件发生后才会出现。

那么航空业如何设法让这些公司分享有价值的信息呢？联邦航空安全报告系统（The federal Aviation Safety Reporting System，ASRS）建于 1976 年，由美国国家航空航天局基于与美国联邦航空管理局的协议进行管理 [8]。在其支持下，参与航空的人员在自愿的基础上进行机密事故报告。美国国家航空航天局作为一个独立的实体，负责保护报告信息的隐私，维护数据的完整性，并防止任何人因报告这种信息而遭受任何惩罚。

美国联邦航空管理局在 1979 年给美国国家航空航天局的一份备忘录中概述了联邦航空安全报告系统的目的："该系统的主要目标是向美国联邦航空管理局和航空界提供信息，以帮助美国联邦航空管理局实现消除不安全条件并防止可避免事故的发生。[9]"其目标是：

- 建立一个任何人都可以参与国家航空系统的机密报告系统。

- 操作数字系统存储和检索报告的数据。
- 提供一个系统来分析和研究收集的数据。
- 创建一个响应系统，与负责航空安全的人员共享结果。

　　飞行员和空中交通管制员可以亲自登录并报告任何事件，甚至他们自己的错误也可以报告，事件范围从没有后果的小故障或错误到离灾难仅几秒钟的未遂事件。与纯粹的访谈或其他强制性报告系统不同，自愿报告信息的数据质量更高。联邦航空安全报告系统现在已有四十多年的历史了，已经接受了 150 万份报告，向航空界发出了 6000 多次安全警报。图 21 详细说明了 2017 年发布的警报主题，这些事件报告影响了该行业如何寻找结构性的问题。

图 21　2017 年发布的 ASRS 警报主题摘要

　　例如尾流问题。尾流是飞机对大气的扰动，它受跑道定位和飞机间距的影响很大，尾流湍流对起飞和着陆来说是一个特别大的问题，目前已经有许多相关报告提交给了联邦航空安全报告系

统[10]。例如，来自亚利桑那州凤凰城的一份报告说："B737-800
机长报告说，在 A321 飞机离开凤凰城空港国际机场时遇到了'严
重'的尾流。[11]"凤凰城的报告只是联邦航空安全报告系统随后发
表的一份研究尾流事件的报告中总结的 50 份报告之一，联邦航空
安全报告系统的分析人员评估了所报告的尾流相遇的大小、飞机
间距、飞机类型、跑道配置以及尾流相遇的后果，以更好地理解
影响尾流引起的湍流频率和大小的因素，并相应地调整程序和间
距。在未来的世界里，如果我们建立一个机器人报告系统，可能
会看到关于机器人在具有挑战性的十字路口周围的交互作用的类
似研究，以帮助改善十字路口的设计和机器人的逻辑。

通过集中报告系统来改进技术、程序、培训和操作的模式已
在航空界得到证实。联邦航空安全报告系统让我们能够唤醒"沉
睡的巨人"，在数百万种场景中观察驾驶舱，并且看到飞行员和空
中交通管制员在面对设备故障或环境异常时是如何操作的。这些
多样且富有挑战性的现实场景是我们在如此规模的工程或资格测
试中永远无法发现的。然后我们可以通过改善驾驶舱或某些区域
的飞机间距或者增加新的训练来改善情况。

毫无疑问，联邦航空安全报告系统提高了天空的安全性。由
于联邦航空安全报告系统的成功，现在世界各地都有航空安全报
告系统，包括遥远的巴西和新加坡。联邦铁路管理局（Federal
Railroad Administration，FRA）也采用这种模式并创建了自己
的报告系统，称为机密近距离呼叫报告系统（Confidential Close
Call Reporting System，C3RS）[12]。为了捕捉机器人将面临的数
百万次交互和异常并从中吸取教训，这样的系统对于机器人来说

应该是什么样的？

　　但是，即使我们同意科技公司应该愿意分享数据，你可能会怀疑这是否等于治标不治本。当然，我们应该能够在产品的开发和测试过程中发现这些问题，毕竟工程师花费数千小时仔细设计系统，分析可能导致系统失败的原因，并在投入运行前进行测试。尽管这个论点听起来足够令人信服，但却很幼稚。工程学界普遍认为，在复杂的系统中，有些行为需要花时间来证明和理解。

　　像飞机和机器人这样复杂的系统有成千上万的独立部件。这些都是确定性的，这意味着系统每次都应该以相同的方式运行：当你按下驾驶舱中的某个开关时，它应该一直向控制箱发送相同的信号。但是，当你把所有这些组件放在一起，然后把它们放在一个动态的世界中，就失去了预测系统在每种情况下的行为的能力。这些确定性组件的配置太多了。这就是所谓的涌现行为。

　　更准确地说，正如技术历史学家乔治·戴森（George Dyson）所定义的那样，涌现行为是"无法通过比整个系统更简单的分析来预测的行为"。此外，戴森还说："对涌现的解释，就像对复杂性的简化一样，本质上是虚幻的，只能通过巧妙的手法来实现。这并不意味着涌现不是真实的。从定义上来说，涌现行为是在所有其他事情都得到解释之后剩下的东西 [13]。"

　　当时在惠普实验室工作的杰弗里·莫沃（Jeffrey Mogul）提到了伦敦钢铁悬挂千禧桥的例子，这座桥后来被称为"摇摆桥" [14]（图 22）。该桥是由土木工程师设计的，经过了所有典型的工程分析和测试，以确保行人可以安全通过。然而，桥梁投入使用当天就出现了"意想不到的过度横向振动"现象。只有当许多人同时过桥时才会出现这种现象，此时桥开始摇摆，而行人的反应是用他们的脚步来弥补以保持平衡，就像我们在一列摇摆的火车上一样。所有的行人都落入了这种模式，步调一致，就像我们用腿做秋千一样，这引起了人们的兴奋。设计师没有预料到这种同步，而且也没有预料到随着每一次同步的出现，摆动变得更加夸张。在开放的那天，有 8 万多人过桥，同一时间的过桥人数达到 2000 人，随着摇晃加剧，政府决定关闭大桥以确定问题所在，并花了近两年时间来设计修复方案。最后，用阻尼器对桥进行改进后消除了摇摆。

图 22   千禧行人天桥

如果工程师无法预测桥梁的涌现行为——这种行为几千年来一直存在，那么他们如何能够预测其他行为并预见必须生存在我们这个混乱世界中的智能机器人可能出现的所有问题？好吧，坦率地说，他们做不到。涌现行为只能通过在实际环境中测试整个系统来发现。这意味着日常机器人系统的某些故障从根本上是不可避免的。因此，我们的目标应该始终是设计一种方法，以尝试在系统投入使用之前了解其涌现行为。

一种流行的已被证明的方法是仿真。工程师构建虚拟世界和系统将经历的环境类型的虚拟表示，以便测试集成系统的全部或部分功能。例如，在宇宙飞船发射之前，整个系统要经过多层虚拟测试：它的一部分甚至被浸没在一个巨大的水池中，以模拟系统在地球大气层之外将经历的失重状态。虚拟世界允许一个系统或者至少一个系统的大部分，在被部署之前经历数千甚至数百万种不同的情况。该实验的结果随后被用于识别故障点并对其进行校正。

工业世界开发了复杂系统的多种虚拟表示，以在整个开发过程中测试其设计的不同方面。在机器开发阶段的早期，工程师建立了所谓的软件在环（Software-In-the-Loop，SIL）仿真，这种仿真在硬件制造之前进行。工程师构建一个系统的软件表示，其可以在虚拟世界中执行，就像视频游戏一样。然后，一旦开发出真正的硬件，他们就用硬件在环（Hardware-In-the-Loop，HIL）仿真再次测试，虚拟系统中代表新硬件的部分被替换为物理版本。

比方说，你构建了许多虚拟场景，在这些场景中，机器人在人行道上与人类擦肩而过。首先，你要用一个软件仿真的机器人测试人行道送货机器人，同时仿真各种类型的人类与其接近，还要仿真感知系统。在这个例子中，假设仿真感知系统（在软件中）模拟了脉冲激光系统发出的光，并从环境中的物体上反射回来。

一旦物理机器人可用，就可以将其部署为在办公楼的走廊中导航，同时可以结合人类的仿真（包括激光雷达感知人类靠近的仿真）来测试硬件而不是使用真人。硬件在环仿真允许工程师插入真实的传感器、真实的嵌入式计算机或真实的执行器，以了解所有这些在虚拟世界中是如何一起工作的。最后，一旦整个系统被开发出来，还需要使用许多物理虚拟世界进行全面的集成测试或资格测试。例如，美国陆军将亚利桑那州的尤马试验场作为一个广阔的开放空间，用于测试许多复杂系统，包括武器和自主系统。这些类型的测试区域通常以不同的环境为特征，这些环境可以重新创建许多现实的场景，而那些负责执行测试的人可以在测试过程中收集详细的数据，并从结果中学习。

最后，还有人在环（Human-In-the-Loop，HIL）测试。在这本书里，我们反复讨论的一个主题是，在某种程度上，设计机器人是困难的，因为人天生就是不可预测的。因此，通过与操作相关的人员共同进行测试来发现和纠正故障点非常重要。在人在环测试中，以下三个层次将汇集在一起：受试者可以玩视频游戏，与真实硬件交互，或者在物理测试环境中充当演员。

在将这些方法应用于开发工作机器人时，我们面临着新的挑战。这些方法的开发和维护成本很高，消费品公司可能没有航空航天公司那样的资源，例如，航空航天界普遍认为，测试一个软件所需的工作量等于设计和开发它所需的工作量[15]。换句话说，对于每一个软件开发人员来说，需要另一个人通过试图破坏该软件的方式专门测试软件。认证安全关键型机器所需的资源对消费品公司构成了巨大的障碍，首先，我们需要一组共享资源来跨上述各层对单个机器人的能力进行建模和虚拟测试。为此，我们不得不使用来自实际操作的真实数据来改进这个虚拟世界，因为虽然这些模型有助于覆盖大量的场景，但它们不能覆盖机器人可能遇到的所有可能的情况。

这在机器人领域已经有了一些先例。采用深度学习技术的机器人可能需要数百万次试验来学习如何了解并掌握目标[16]。然而，这些数据可以在虚拟世界中非常有效地收集。虚拟世界为物体导入计算机模型，模拟机器人的深度图像传感器产生的数据，并使用物理模拟器测试不同的获取策略。在一个新颖且令人兴奋的新工作领域，这些虚拟世界可以引入随机化来创造现实世界中永远不会遇到的情况。换句话说，机器人是在人工创造的模拟世界中训练的，在人眼看来，这些模拟世界毫无意义。当我们插入大范围的随机噪声时，例如涂黑像素、模糊像素或添加随机对象，真正的机器人被训练成对我们在现实世界中看到的随机性更加鲁棒。机器人能够在更可预测的真实环境中识别物体并选择获取点。人工训练数据集可以用作压力测试，为实际上比现实世界中遇到的更具挑战性的情况进行训练[17]。

这是一个良好的开端，但我们需要更进一步，以便成功地设计、开发、测试和鉴定复杂的智能机器人和人的交互系统。我们需要重新思考如何收集和使用数据，因为机器学习中使用的数据的特征有效地决定了机器人的行为。除非我们对将日常街道、人行道和商店作为"尤马试验场"感到舒适，否则机器学习系统一定会与人互动、相互学习并影响人，于是，组件级别的分析、仿真和测试现在必须解决一系列全新的前所未有的挑战。

质量胜于数量

想象一下，在不远的将来，一个人行道送货机器人被设计、测试并部署在旧金山的丘陵街道上，然后穿过全国被运送到迈阿密进行第一次东海岸部署。我们认为可以接受该部署的第二批城市是纽约和波士顿，但迈阿密被选为理想的地点，是因为它有宽阔的人行道和温和的天气。这个机器人已做好准备去适应腐蚀性的咸海风，而不是去应对冰雪。

在旧金山时，在经历了一些最初的无害事故后，机器人学会了在年轻的专业人士身边穿梭，并在婴儿推车周围小心翼翼地移动。但到了迈阿密，机器人公司注意到系统的运行远远低于其目标指标：到达目的地需要两倍的时间，每当旁观者说"停"或"不"时，它经常要停下来。这两座城市人口统计的平均年龄差异被证明是一个大问题：迈阿密的人行道上有更多的退休人员，他们走得很慢。在旧金山，有些人使用手杖或助行器，机器人通过旁观者的反馈学会了对任何缓慢移动的行人敬而远之；但是在迈阿密，走得慢的人比旧金山多得多，在多次遇到触发机器人安全停止的情况后，机器人迅速更新行为，采取了更加保守的行动。旧金山收集的训练数据与迈阿密的情况相差太大。为了进行学习和补偿，机器人的智能实际上阻止了它的前进。于是，这家机器人公司的商业模式被颠覆，进一步的推广也停止了。

更糟的情况也有可能发生：机器人没有准备好与老人打交道，可能会与他们相撞而不是停下来。因此，频繁在停下来是在这种情况下的最佳选择。不幸的是，这表明下一代智能机器人将面临航空和其他复杂系统工程以外的新挑战。驾驶舱自动化是一个"冻结"的系统，它经过多年的设计、认证和测试，才得以登上飞机。我们从联邦航空安全报告系统收集数据，对其进行分析，并发出警报及采取行动，使我们的空中航线更加安全。与我们的新机器人不同，驾驶舱自动化没有融入现代机器学习技术。在所收集的数据的驱动下，机器人的行为会不断进化。这与航空业形成对比，在航空业，系统是通过专家（如分析联邦航空安全报告系统的专家）有目的且仔细的分析和决策而不断改进的，这些专家受过工程学、程序和组织因素方面的训练。此外，世界范围内的空域由非常相似的规则管理，而社会规则往往不是全球性的，并且在不断变化。虽然我们的新工作机器人将受益于数据驱动的机器学习，但随着时间的推移，为了更好地适应环境，这些经过设计的更新对于提高机器人的能力同样重要。

无论是机器学习专家还是非专家，我们都从中听到了同样的声音——新的智能机器人有能力自主学习，它们将很快超越人类工程系统的性能。有人声称新的、更智能的机器将使分析数据的专家范式过时，然而这与事实相距甚远，尤其是对于系统的系统而言。即使在单个机器人/组件级别（独立于人机交互），这种争论中的问题也已经显现出来。

机器学习领域有一句名言："更多的数据胜过更好的算法"（即更好的工程）。这句话可以追溯到 2001 年微软研究院进行的一项研究[18]，在分析各种语音识别算法的性能时，研究人员发现用于训练系统的数据量是影响性能的主要因素，对其他机器学习系统的研究也发现了类似的趋势。十年后，谷歌的研究主管彼得·诺维格（Peter Norvig）曾高调地声称："我们没有更好的算法，我们只是有更多的数据。"

但多年来，研究人员发现了更复杂的问题[19]。更多的数据显然有助于机器学习系统，其中许多参数必须精确调整，就像语音识别系统一样。然而，这些更复杂的模型并不总是有用的，模型只学习数据集中的内容，如果模型只针对数据集中的场景进行优化，那么当真实环境与训练环境稍微偏离时，它们就不起作用了。在我们的例子中，机器人在旧金山的人行道上训练并学习了一种交互模型，但这种模型不能很好地适应迈阿密的不同人口统计特征。这个问题叫作过度拟合，在产生一个模型时，这个模型非常接近地复制了一个数据集的细节，以至于它不能对任何其他相似的数据集进行有效观察。为了避免过度拟合，机器学习专家通常用更少的参数设计更简单的模型，这样机器就可以学习更多的一般行为，从而更好地适应新的情况。

在使用更简单的模型的情况下，更多的数据可能没有帮助——在某个点上，参数被尽可能精细地调整。相反，更高质量的数据才是关键，数据必须被工程化。如果数据被"清洗"以去除无关因素和异常值，机器学习模型可以更有效地学习。例如，旧金山的机器人学会了在婴儿推车周围小心翼翼地移动，但面对老人时却没有这样做。然而，机器学习专家可能会注意到，推婴儿车的人通常行动缓慢，就像一些拿着拐杖、助行器甚至坐在轮椅上的老人一样。如果机器学习专家在训练中保留视觉识别并标记婴儿车的数据，机器人可能已经学会了一个更通用的模型来谨慎地接近和超过任何行动缓慢的人。如果机器人在迈阿密的第一次互动中小心翼翼地接近老人，它会收到的安全停止命令就不会那么多，也不会更新其行为以采取更保守的行动。问题解决了吗？在这种情况下，可能是的。精心处理的训练数据（即工程）可能已经成功地解决了这个问题。

　　但这只是事后聪明而已。每位学者都被告诫不要为了让数据看起来更好而剔除异常值。在数据中注入偏见是很容易的，而这种偏见随后会在机器学习模型中表现出来。2018 年，在斯坦福大学和麻省理工学院媒体实验室的一项研究中，研究人员发现，一套来自谷歌、微软和 IBM 的商业人脸识别系统，在预测肤色较浅的人的性别方面相当准确，但对于肤色较深的女性，错误率高达20% 或 34%[20]。据推测，基础数据集存在偏差，其中肤色较深的女性样本数量较少，但是研究人员无法确定这是怎么回事，因为系统没有提供训练数据集。这篇文章发表后，这些公司迅速纠正了错误。但是，如果没有关于底层数据集特征的信息，我们就会想，在这个系统和其他商业人工智能技术中，还会出现什么其他令人吃惊的现象[21]。

　　换句话说，更好的数据胜过更多的数据，但如果你从来不让别人看到数据，你也就不能保证这些数据是好的。即使是像智能机器人上的人脸识别系统这样简单的单机学习系统，我们也必须创建一种共享数据（它的属性和特征）的机制以便共同努力确保这些新系统的公平性。

　　提高数据质量至关重要，但在很大程度上，协作机器人面临的最大挑战可能仍是在人类的集体意识之下，我们如何应对在全社会大规模部署这些智能系统所带来的复杂性。机器人可能在旧金山或迈阿密工作得很好，但其他城市肯定会提出其他挑战。记住，那些工程师选择迈阿密而不是波士顿或纽约的原因是机器人不能适应冰雪气候。我们甚至还没有讨论不同的文化规范，比如人行道的哪一边供急行的人通过，或者当你想与他人交谈时，应与对方保持多远的距离[22]。没有一家公司能够预见工作机器人将面临的所有新的紧急交互和行为，应对这些挑战需要联邦航空安全报告系统和尤马试验场规模的集体努力。我们可能需要一个机器人安全报告系统（Robot Safety Reporting System，RSRS）以及以人为中心的测试环境——建造类似于尤马试验场的人口稠密的城镇——来捕捉、分享和学习智能机器人的失误和贡献。

一条前进的道路

好消息是，我们开始看到大规模共享数据供公司和研究机构使用的初步迹象。ImageNet 就是一个例子，它是一个视觉图像数据库，图像中的对象都经过了标记[23]。随着自动驾驶汽车变得越来越普遍，相关公司开始在雨天或繁忙的城市十字路口等具有挑战性的情况下发布从汽车传感器记录的标记数据集。随着互动变得越来越普遍，人们也越来越努力地搭建完整、真实的数据集，包括关于旁观者的数据集。例如，Aptiv 的自动驾驶 nuScenes 数据集有一个包含 100 多万张图像的数据库，其中根据特征对 100 多万人进行了标记，例如"步行的建筑工人"或"步行的儿童"[24]。

这类数据库是研究界的宝库，但要将机器人无缝集成到我们的社会结构中还有更多工作要做。这些标记的数据集涵盖了所需数据类型的一个维度：帮助工程师训练机器人的感知系统。训练只会帮助机器人更好地识别人或树枝，而不会告诉机器人如何处理这些信息。

重要的是，这些标记的数据集缺少关于整个系统何时可能出现故障的信息。这依赖于研究人员发现这些问题并分析为什么会出现故障，以及如何在每个系统中修复这些漏洞。我们希望机器人尽可能聪明，但我们也需要知道当感知或处理过程中的其他步骤出现错误时，它们的表现如何。例如，如果机器人把一个人和一根树枝混淆起来，那可能没关系，前提是机器人应该以同样的方式对待人和树枝。但事实是，撞一根树枝可能没问题，但是撞一个人就不行，所以如果机器人在某些情况下不确定是人还是树枝，那么它不应该在将不确定性解决到可接受的水平之前撞树枝。也许它应该采取措施来减轻潜在的伤害，例如，通过提醒它的监管者或旁观者。

有许多方法可以增加对机器人的支持，不仅是在机器人在场和经历意外情况时，在设计过程中也有很多工作可做。我们可以提供数据、模型、工具和过程，帮助开发人员在整个开发周期中最大限度地发现涌现行为。目前，机器人公司主要依靠自己的资源来设计、开发和测试机器人，但是应该有办法让更大的团体做出贡献，更多的群体可以提供比任何一家公司自己创建或访问的数据都多的数据，从而增加在所有情况下成功的机会。

在设计过程中，这些标记的数据集至关重要，因为机器学习系统是由数据设计的。在有标准化数据集的地方，我们看到了技术的飞跃性进步。ImageNet 于 2007 年推出，拥有超过 1000 万张图片，并标识了两万个类别的对象，从气球到特定品种的狗都有涵盖。由于有了这一公开可用的数据集，我们已经看到对图像中的对象进行正确分类的错误率从 25% 下降到 5% 甚至更低[25]。开发和维护标记数据集并将之扩展到对象分类之外，包括可接受或不可接受的机器人行为或交互，需要成为更大的机器人社区的系统化产品，这是意料之中的。

在开发过程中，如果有虚拟世界可用，那么工程师可以在整个系统构建完成前就测试系统的各种组件或虚拟表示。场景可以被建模，并且可以用来表示机器人需要处理的具有挑战性的用例。之后，开发人员可以根据他们的发现对机器人进行重大更改。

在测试过程中，制造商首次对整个端到端系统进行测试，这是发现涌现行为的第一次机会。许多制造商有自己的试验场或物理测试环境，如跑道、砾石表面和楼梯，但并不是所有公司都能负担得起这样的基础设施。在一些工业应用中，有共享的设施用于在非常现实的环境中测试原型系统，从而汇集资源以支持更复杂的测试基础设施和关于测试协议的共享学习——就像尤马试验场一样。对于机器人来说，我们可能需要一个未来的测试城市，在将机器人部署到真正的城市和社区之前，让它们完全通过测试。

如今，机器人还没有正式的资格认证程序。而许多其他的复杂系统（如飞机和汽车），通常具有在系统投入使用之前的规定测试和程序的质量标准。有一些电子设备和硬件标准适用于任何复杂的系统，但智能系统不存在这样的标准。硬件通常必须在一定的温度和湿度范围内运行，并符合电气标准。但是这对于智能来说是什么样的呢？机器人的大脑及其与周围人合作的能力应该如何测试？机器人在什么条件下失败是可以的？这些标准需要定义、验证和维护，以便所有机器人设计者和制造商都遵循同样深思熟虑的质量标准。

　　一旦这些系统进入现实世界，它们不可避免地仍有许多东西需要学习，将会出现未曾预料到的涌现行为以及机器人可能失败的情况。这就是为什么我们需要一个相当于联邦航空安全报告系统的系统，这样所有的机器人开发者都可以从这些错误中吸取教训，尤其是利用"沉睡的巨人"，这样我们就有机会将整个行业的灾难性故障数量降到最低。与联邦航空安全报告系统一样，只有建立匿名报告系统和数据分析流程，然后将结果和建议分发给更广泛的群体，才有可能做到这一点。这些建议可能包括设计变更、基础设施或环境变更、培训修改或其他缓解已发现问题的想法。

展望未来的机器人安全报告系统

　　机器人安全报告系统和联邦航空安全报告系统的基本原理是一样的：共享我们的集体经验和挑战，找到提供早期危险指标的趋势，并在发生危险之前进行纠正。联邦航空安全报告系统由美国国家航空航天局这一独立机构管理，每年处理近 10 万份报告，每年的运营预算约为数百万美元（截至 2005 年）[26]。与此同时，在美国，我们每天开车行驶的总距离超过 50 亿英里（约 80 亿千米），在不久的将来，当所有的汽车都具备某种自动驾驶能力时，如果每行驶 5000 英里就有一份自动事故报告提交给机器人安全报告系统，那么每天就会有 100 万份报告提交。这仅考虑了自动驾驶汽车，现在还要加上社区、办公室、街道和人行道上的数百万工作机器人。处理这些趋势报告将是一项无法完成的任务，与训练有素的飞行员精心编写报告来描述事故的关键方面不同，这些自动报告基本上都是"数据转储"，关键数据需要被挖掘出来。然而，关于汽车传感器的数据转储可能无法捕捉到一些细微差别：如果汽车因为某种感知不到的东西而无法正常工作，该怎么办？我们可能会设想用来自人类监管者、操作员或对机器人有负面体验的旁观者的"bug报告"来扩充数据转储，但是这些人通常对自动化没有专业的理解，并且可能不知道什么是无效的。最后，一辆车采用的传感器和决策过程可能与另一家制造商的传感器和决策过程有很大不同，导致原始数据无法提供足够的信息。为了使系统通过新的测试，并确保在新遇到的情况下安全运行，需要更细致的信息。

所有这些都说明我们不能完全照搬航空领域的解决方案。一个独立的机构对于信息的匿名和保护可能是必要的，这对联邦航空安全报告系统和其他类似系统的有效性也是至关重要的。然而，制造商本身必须绝对合作，找出哪些数据有助于共享，解释收集的特定数据（这些数据可能与其工程系统的某个方面密不可分），并提供测试套件，供其他人在开发、测试和改进中使用。可能需要构建新的机制来激励这种公私伙伴关系，公司必须因揭露其系统中发现的缺陷，并以另一家公司可以复制的方式传达有问题的情况而得到奖励

这里有一个类似于商业领域的"bug搜寻"的例子，个人或团体因发现系统中的缺陷而获得金钱奖励。同样，想象一家机器

人公司发现其机器人有问题，比如说，机器的自动规划器在有风的道路上将迎面而来的行人相混淆。工程师开始着手解决根本问题，他们开发了一个新的场景来代表虚拟世界中的这一挑战，但不是只与他们自己的机器人数据或传感器反馈相关联，而是将其上传到"bug 搜寻"数据库。他们展示了机器人现在可以完美地通过测试。现在，其他公司也急于证明他们的系统在虚拟世界的新场景中也表现良好。每个系统都是根据公开报告的处理数据库中错误的能力指数进行排名的，可以把它想象成一个 J. D. Power 或者 Associates 的排名。J. D. Power 是一家数据分析公司，在多个不同行业就消费者满意度等问题进行调查。但缩写 JDPOWER 也可以代表"联合开发项目的风险、管理和鲁棒性"（Jointly Developed Program of Warnings, Engineering, and Robustness）。

设想为工作机器人建立一片试验场

尤马试验场由美国陆军部管理，用于测试新技术，目的很简单，就是确保这些技术能在军事人员预期的接近真实的环境中工作。军队是这项技术的买家，这项技术的目标也很明确——让军队受益。在尤马试用新系统是为了证明该技术能够发挥作用，并在该领域出现技术或操作挑战之前解决这些问题。超过 3000 人在试验场工作，其中大部分是平民。除了技术测试，试验场的另一个核心目的是在军事单位被部署到海外之前，在现实环境中对其进行训练。陆军部计划测试和协调共享资源的使用，并在出现冲突时做出决定，例如新技术的并发测试产生的射频干扰。

　　建立一个测试机器人的试验场将具有巨大的社会价值。在这个"未来的社区"中，开发人员可以分享知识并从未遂事件和错误中学习，探索社会收益和摩擦，尝试新的基础设施和组织变革，并学习如何更好地发展我们的社会规范。就像在尤马一样，测试社区将在某项技术被用于特定社区或大规模部署之前，为我们提供一种方式来测试和确认智能机器人的潜在好处，并用来预测一些意想不到的后果。未来的社区可以提供真实世界、虚拟模拟和混合现实元素，这样我们就可以在开发的不同阶段进行测试。然后，我们可以利用在未来的现实世界中收集到的数据和见解来开发虚拟世界，公司可以使用这些虚拟世界进行测试和开发。

　　对于未来社区的物理和现实组成部分，我们正在讨论一项尤马规模的投资，该投资是用于功能性基础设施建造的，就像你在城镇或城市中看到的那样。但是哪座城镇或城市呢？是旧金山、迈阿密，还是心脏地带的小镇？打造未来社区必须有计划地进行，以确保测试尽可能全面地满足不同群体的需求。就像军事单位在尤马练习和模拟不同的实地生活一样，我们也需要生活在未来社区的居民，他们在进行日常活动时将使用这些技术。这些居民是谁？他们从哪里来？选择性加入模式可能会导致那些倾向于喜欢技术的人产生选择偏见。提供补偿或其他福利可鼓励人们广泛参与，并使参与者能够一起参加合适的测试。在测试过程中，必须包括处境不利群体的代表，只有确保他们的参与，才可能解决新技术给他们造成的潜在问题。

　　这种规模的设施是任何一家公司——甚至是一家大型公

司——都无法承担的。这需要社会投资，就像美国联邦航空管理局一样。然而，与尤马不同的是，只有在开发和部署技术的行业进行大量深入合作的情况下，联邦政府才能成功管理未来的社区。就工作机器人而言，美国政府以及其他国家的政府是投资的利益相关者，而不是买家。此外，工作机器人是一项安全至关重要的消费技术，而每家将技术带到未来社区进行测试的公司的主要目标都是向消费者销售更多产品，因此，公司优先考虑的测试可能与社会所需的测试相冲突，例如，公司可能并不十分关注人们对新技术的情绪反应。公司更希望测试参与者告诉他们的朋友关于产品的信息，并宣传与机器人的积极互动，因此不愿意提供困难情况来进行测试，这是因为他们担心参与者会拒绝这项技术，或者其他公司的工程师可能会观察到他们的失败并从中获得竞争优势。

与机器人安全报告系统一样，在未来社区中，开发相关技术的工程师和专家将是最有能力理解特别具有挑战性的情况的根本原因并开发能运用潜在缺陷的测试的人。尚不清楚建立中央管理机构是否是正确的结构，但肯定需要一个独立的组织来就参与公司的不同竞争目标和优先事项进行谈判，严格修订和审查实验协议，保持过程的完整性，并确保工作机器人为我们所有人工作。

未来成果

现在回想一下在迈阿密部署机器人的那家公司，有了这一未来愿景，它将通过以下过程来为推广做准备：

设计：该公司将使用社区范围的数据集为机器人进入迈阿密的环境做准备。这些数据集将帮助工程师完善机器人的智能，并根据迈阿密的具体情况进行定制。一旦机器人在通用数据集上接受训练以创建基线行为，工程师就会转向代表迈阿密典型活动和场景的更具体的数据集来校准和调整系统的行为，在这种情况下，退休人口较多的城市环境将在更具体的培训数据集中得到体现。

开发：在开发阶段，公司将调整虚拟世界的参数以匹配迈阿密的设置。参与者的驾驶和行走行为会有更大范围的可变性，坐轮椅、拄拐杖或走路的人的比例会更高。该软件将在这个具有代表性的虚拟世界中持续测试，并经受迈阿密的环境中更频繁出现的挑战。

测试：在部署到迈阿密之前，经过校准和训练的机器人将在未来社区进行测试，它们将在真实的人行道上操作，与行为像迈阿密当地人的演员互动、遇到红绿灯、经过建筑工地。工程团队将通过这个试验场观察机器人的涌现行为，并有机会根据他们学到的东西调整机器人的行为。

资质：相关标准将用于确保涵盖所有测试案例，并且智能平台的设计符合普通大众对可能会对其日常生活构成威胁的系统的预期标准。在设计和测试中走捷径是不可容忍的，机器人智能的表现将在它进入真实世界之前得到证明和记录。

部署：在部署之后，即使一些问题不是机器人的错，机器人公司和那些操作机器人的人也会向机器人安全报告系统报告出现的问题。有问题的情况将在 J. D. Power 上发布，其他机器人公司将努力证明他们有能力解决这个已确定的问题。随着新的解决方案的开发，对机器人的更新将被发布，所有机器人将被升级，以防止更严重的问题。

在迈阿密这样的新城市投放机器人的成果将会是不同的，前提是我们要联合起来提供支持，创造可以在生活中帮助我们的机器人。通过共同努力，我们有机会分享机器人为社会带来的巨大潜在利益（拯救生命、减少拥堵、为所有人提供更好的资源获取途径）。我们可以做到这一点，而且可以避免那些已经出现的或潜在的隐患，比如新的安全风险，以及机器人在街道、人行道、走廊上制造的麻烦。但如果没有这些共享资源，虽然我们能看到数据和方法方面的逐步改进，但随之而来的是挫折，因为每家公司都试图独自承担开发周期的高额费用。任何一家公司都无法实现这种质量的报告和测试，需要政策制定者、地方政府和整个社区的共同努力来加紧填补当今存在的空白。

结　　论

　　朱莉最近参加了一次晚宴，话题和这本书有关。晚宴主人告诉朱莉，她给母亲买了一辆特斯拉，她妈妈很喜欢！她每天都会使用自动驾驶仪，但有时候也会感到有些疑虑……每天早上，当她启动特斯拉时，如果有软件更新，她就会对冗长而复杂的通知感到困惑；她急着送孩子们去上学，于是很快浏览一下就过去了。每个星期人们都会收到几份这样的通知，你可能只匆匆看一眼。它们都很长，充满术语，通常很难读懂，而且它们总是在不合时宜的时候出现。晚宴的主人可以确定她的母亲不明白特斯拉会随着每次更新而发生什么变化，她想知道这对她母亲的安全驾驶会不会产生影响。她的担心是对的。

　　我们的街道、人行道、医院、公寓大楼和商店正面临第一波工作机器人的涌入，不妨让我们停下脚步思考一下。可以想象，随着机器人变得更加先进，我们可能会享受到更多的便利，或者可能有更多与孩子们共度的时光。对一些人来说，这些机器人可能会改变他们的生活，例如那些因身体原因而不能自己去商店的人，有一天机器人可以和他们一起工作，甚至为他们工作。作为自动驾驶汽车的设计师，我们将有机会大幅提高道路的安全性，就像在天空中做到的一样。

然而，要享受工作机器人的好处，并不只是成立大量的公司，或者开发更复杂的机器学习技术就能够实现的。我们与技术的关系也必须发生改变。协作机器人将从根本上成为一种新的社会实体，它们未曾经历几千年的文化发展，而恰恰是这些文化发展造就了我们人类，使我们拥有了难以置信的高级社交技能。确保机器人在沙箱中运行良好是一个安全问题，也是一个分享利益和减少危害的问题，要做到这一点非常困难，因为它既需要技术革命，也需要社会革命。

我们希望看到的人类与机器人合作的前景是，人类可以卸下包袱，而机器人可以比人类更好地完成任务。但我们的社会是复杂的，不可能在计算机模型中完全获取，我们也做不到为社会中的机器人行为建立精确的模型，以预测和预防所有不良行为。引入机器人会给我们的生活带来脆弱性和不确定性，因此，建立可信赖的伙伴关系必须成为首要目标。我们需要为机器人设定比人类更高的性能标准，因为有时，机器人将会做一些人类无法做到的事情。当我们把人从机器人的直接控制中解脱出来，就会把自己暴露在新的弱点之下，科技界必须认真对待这一责任。我们在本书中花了很多篇幅讨论先进的机器人可能会如何崩溃，这是因为，当设计旨在使我们意识到机器人的局限性时，人机协作将永远是最成功的。但重点根本不是技术社区中目前有多少工人在从事机器人的设计工作，相反，我们的焦点一直放在添加更多功能和使技术"有趣"上。现在，这种方法存在安全风险。

我们需要专注于发展完美的伙伴关系，而不是试图开发完美的机器人。我们认为，为了实现这一目标，设计完全独立的机器人是不可行的，甚至是不可能的。我们需要层层保护来制衡这些新的社会实体，就像我们每天以各种各样的方式帮助周围的人一样。

本书的目标是提供一些关于如何在这个技术不断发展的时代前进的指导，这似乎既熟悉又陌生。我们所有人都必须弄清楚在短期和长期内关于机器人与社会的对话的基本术语，而且，我们需要弄清楚如何适应工作机器人的增加，以及这些机器人将要经历的学习曲线。

工作机器人的新时代其实并不陌生，因为工业设计的某些分支早已了解在自动化与人之间建立完美合作关系的价值，这些经验为构建可操作的"超人"以及安全的自动化机器提供了很多启示。几十年来对人类监督自动化系统的基本优势和局限性的研究，随着移动指挥中心开始监督将覆盖城市的机器人、无人机和自动驾驶汽车，为我们理解什么是可以实现的、什么是不可以实现的提供了基础。先前的研究也让我们看到，当邀请工作机器人进入家庭并帮助我们完成一些亲密的任务（如监督孩子）时，我们可能会遇到的陷阱。然而，当这些机器人开始与旁观者和普通用户互动或合作时，我们很快就会发现自己进入了一片未知的领域，因为这些人基本上不知道机器人是如何工作的。

未来的方向是：努力定义监管者和旁观者的角色，确定人们可能与这些系统互动的主要方式，设计机器人的用户界面和智能以加强这种伙伴关系。这意味着，在许多情景下，要确保人们能够快速理解机器人的主导模式。例如，监管者需要一个关于机器人功能的心理模型，以及一种预测其未来行为的手段，以便在需要时能够对其进行干预。确保监管者构建并维护适当的心理模型很可能意味着选择一种即使在感觉不必要时也需要用户交互的设计，这与使用户感到满意的用户体验设计原则息息相关。设计知道如何在行人周围行进并在必要时与他们互动的工作机器人，将需要一种新的技术：这不仅仅是设计师的任务，作为旁观者的行人自己也需要能够快速建立一个被动的心理模型，有足够的能力去解决与正从身边经过且与自己目标不一致的工作机器人的干扰或冲突。当工作机器人干扰了他们的生活时，旁观者可能不得不采取有效的行动，而他们不一定有很多时间来弄清楚如何做。当旁观者不得不介入一个正在工作的机器人时，自动化功能（无论是静态的还是动态的）将体现出可见性。这些功能可见性的设计者需要明确自己的设计将如何影响机器人的行为，功能可见性必须支持本能的互动和经过深思熟虑的互动。

只有当我们认同机器人和人类从根本上是相互依赖的，并从一开始就按照这一原则设计机器人时，这一切才有意义。用户界面本身仅代表机器人交互能力的一小部分，我们必须更深入地改变设计机器人智能和整体系统架构的方式。如果我们实现了这一飞跃，就可以开始制造知道如何在需要帮助时得到帮助的机器人。

我们可以通过确保机器人能够互相帮助来进一步改善我们与机器人的伙伴关系。机器人公司可能不会急于投资支持竞争对手系统的跨平台协调。V2X（Vehicle To Everything）技术使车辆能够与周围的世界进行通信，这类技术的出现代表着朝正确方向迈出的第一步。联网的智能机器人和工作机器人的数据收集问题反映了消费者和企业对隐私和安全的极大担忧。然而，如果能搭建一个有效的系统，支持一定范围的环境信息共享以及本地协商和活动协调，就可以使工作机器人在大规模部署时更加安全。

　　航空方面的经验证明，随着这些社会实体数量的增加，它们必须能够相互沟通。这意味着它们要通过微交互直接沟通来解决暂时的冲突，通过内部协商来解决更复杂的问题，通过众包来创建一个机器人智能网络，从而对世界形成更完整、更强大的理解。有时工作机器人需要做一些没有人类参与或者很少有人类参与的事情，因为它们在某些任务上比人类更擅长。在这些情况下，唯一能真正帮助它们的是另一个机器人。

　　工业应用也教会了我们如何利用基础设施在大大小小的方面帮助工作机器人。利用基础设施可以缓解让机器人无缝融入我们的世界带来的技术挑战，让它们更可靠、更安全。我们需要组织、装备和调整世界，以减少这些新的社会实体的社会熵，这样它们就有公平的机会完成我们对它们的所有要求。

　　最后，工业应用告诉我们，如果我们可以在自动化故障和错误发生时自由分享数据，即使这些故障没有导致事故，我们也可以加快整个机器人行业的学习。通过这种分享，我们可以唤醒"沉睡的巨人"，在看到灾难性事故发生之前对技术进行改进。我们建议将这一方法扩展到设计和测试过程的所有方面，而不是等到工作机器人就位后再进行。我们可以通过创建一个未来社区来测试并实现这一点，允许设计师在复杂的、动态的仿真环境中测试机器人。我们还可以建立一个机器人安全报告系统，这样人们在世界任何地方都可以匿名报告机器人故障。

　　工作机器人即将到来。它们可以让很多人的生活更轻松，但没有什么能保证这种乐观的前景。我们的目标是在公民、政策制定者和企业之间展开必要的对话。我们相信，解决之道在于技术与社会的有效交叉；我们相信，通过关注之前学到的东西，并找出还需要吸取的教训，就有可能制造出安全和高效的工作机器人；我们相信，当你期望使用机器人时，可以期待的不再是它们为你服务，而是与你合作。

参 考 文 献

引言

1. "IFR Forecast: 1.7 Million New Robots to Transform the World's Factories by 2020," International Federation of Robotics, press release, September 27, 2017, https://ifr.org/ifr-press-releases/news/ifr-forecast-1.7-million-new-robots-to-transform-the-worlds-factories-by-20.

2. "31 Million Robots Helping in Households Worldwide by 2019," International Federation of Robotics, press release, December 20, 2016, https://ifr.org/ifr-press-releases/news/31-million-robots-helping-in-households-worldwide-by-2019.

3. "Road Safety Facts," Association for Safe International Road Travel, https://www.asirt.org/safe-travel/road-safety-facts.

4. "Road Safety Facts," Association for Safe International Road Travel, https://www.asirt.org/safe-travel/road-safety-facts; Nathan Bomey, "2018 Was Third-Deadliest of the Decade on American Roads, NHTSA Says," USA Today, June 17, 2019, https://www.usatoday.com/story/money/cars/2019/06/17/car-crashes-36-750-people-were-killed-us-2018-nhtsa-estimates/1478103001.

5. "Aviation Safety Network Releases 2018 Airliner Accident Statistics," Flight Safety Foundation, press release, January 1, 2019, https://news.aviation-safety.net/2019/01/01/aviation-safety-network-releases-2018-airliner-accident-statistics.

第 1 章

1. Janosch Delcker, "The Man Who Invented the Self-Driving Car (in 1986)," Politico, July 19, 2018, https://www.politico.eu/article/self-driving-car-born-1986-ernst-dickmanns-mercedes.

参 考 文 献

2. "The DARPA Grand Challenge: Ten Years Later," Defense Advanced Research Projects Agency, press release, March 13, 2014, https://www.darpa.mil/news-events/2014-03-13.

3. Phil LeBeau, "Tesla Rolls Out Autopilot Technology," CNBC, October 14, 2015, https://www.cnbc.com/2015/10/14/tesla-rolls-out-autopilot-technology.html.

4. William Scheck, "Lawrence Sperry: Genius on Autopilot," *Aviation History* 15, no. 2 (2004): 46.

5. Calvin R. Jarvis, "Flight-Test Evaluation of an On-Off Rate Command Attitude Control System of a Manned Lunar-Landing Research Vehicle," *NASA Technical Note*, April 1967, NASA Technical Reports Server, https://ntrs.nasa.gov/archive/nasa/casi.ntrs.nasa.gov/19670013964.pdf.

6. Carl S. Droste and James E. Walker, *A Case Study on the F-16 Fly-by-Wire Flight Control System* (Reston, VA: American Institute of Aeronautics and Astronautics, 1985).

7. Sam Liden, "The Evolution of Flight Management Systems," in *AIAA/IEEE Digital Avionics Systems Conference 13th DASC*, Phoenix, 1994, 157–169.

8. Alexis C. Madrigal, "Inside Google's Secret Drone-Delivery Program," *The Atlantic*, August 28, 2014, https://www.theatlantic.com/technology/archive/2014/08/inside-googles-secret-drone-delivery-program/379306.

9. John Markoff, "Google's Next Phase in Driverless Cars: No Steering Wheel or Brake Pedals," *New York Times*, May 27, 2014, https://www.nytimes.com/2014/05/28/technology/googles-next-phase-in-driverless-cars-no-brakes-or-steering-wheel.html.

10. Charles S. Draper, H. P. Whitaker, and L. R. Young, "The Roles of Men and Instruments in Control and Guidance Systems for Spacecraft," in *15th International Astronautical Congress*, Poland, 1964.

11. Mark S. Young, Neville A. Stanton, and Don Harris, "Driving Automation: Learning from Aviation About Design Philosophies," *International Journal of Vehicle Design* 45, no. 3 (2007): 323–338.

12. Young et al., "Driving Automation."

13. David A. Mindell, *Digital Apollo: Human and Machine in Spaceflight* (Cambridge, MA: MIT Press, 2011).

14. Robert W. Bailey, "Performance vs. Preference," *Proceedings of the Human Factors and Ergonomics Society Annual Meeting* 37, no. 4 (October 1993): 282–286,

https://doi.org/10.1177/154193129303700406; Eric Frøkjær, Morten Hertzum, and Kasper Hornbæk, "Measuring Usability: Are Effectiveness, Efficiency, and Satisfaction Really Correlated?," in *Proceedings of the SIGCHI Conference on Human Factors in Computing Systems*, The Hague, 2000, 345–352, https://dl.acm.org/citation.cfm?id=332455.

第 2 章

1. S. M. K. Quadri and Sheikh Umar Farooq, "Software Testing—Goals, Principles, and Limitations," *International Journal of Computer Applications* 6, no. 9 (2010): 7–10, https://doi.org/10.5120/1343-1448.

2. John W. Senders and Neville P. Moray, *Human Error: Cause, Prediction, and Reduction* (Boca Raton, FL: CRC Press, 1995); James Reason, *Human Error* (Cambridge: Cambridge University Press, 1990).

3. James Reason, Erik Hollnagel, and Jean Paries, "Revisiting the Swiss Cheese Model of Accidents," *Journal of Clinical Engineering* 27, no. 4 (January 2006): 110–115.

4. Ralph T. Putnam, "Structuring and Adjusting Content for Students: A Study of Live and Simulated Tutoring of Addition," *American Educational Research Journal* 24, no. 1 (1987): 13–48, https://doi.org/10.3102/00028312024001013; Stephanie Ann Siler and Kurt VanLehn, "Investigating Microadaptation in One-to-One Human Tutoring," *Journal of Experimental Education* 83, no. 3 (July 2015): 344–367, https://doi.org/10.1080/00220973.2014.907224.

5. Derek Sleeman, Anthony E. Kelly, R. Martinak, R. D. Ward, and J. L. Moore, "Studies of Diagnosis and Remediation with High School Algebra Students," *Cognitive Science* 13, no. 4 (1989): 551–568, https://doi.org/10.1207/s15516709cog1304_3.

6. Julie A. Shah, Kevin A. Gluck, Tony Belpaeme, Kenneth R. Koedinger, Katharina J. Rohlfing, Han L. J. van der Maas, Paul Van Eecke, Kurt VanLehn, Anna-Lisa Vollmer, and Matthew Yee-King, "Task Instruction," in *Interactive Task Learning: Humans, Robots, and Agents Acquiring New Tasks Through Natural Interactions*, ed. Kevin A. Gluck and John E. Laird (Cambridge, MA: MIT Press, 2018), 169–192.

7. Robert L. Helmreich, "Building Safety on Three Cultures of Aviation," in *Proceedings of the IATA Human Factors Seminar*, Bangkok, 1998, 39–43, https://www.pacdeff.com/pdfs/3%20Cultures%20of%20Aviation%20Helmreich.pdf.

8. Ute Fischer, Judith Orasanu, and J. Kenneth Davison, "Cross-Cultural Barriers to Effective Communication in Aviation," in *Cross-Cultural Work Groups*, ed. Cherlyn S. Granrose and Stuart Oskamp (Thousand Oaks, CA: Sage, 1997).

9. Solace Shen, Hamish Tennent, Houston Claure, and Malte Jung, "My Telepresence, My Culture?," *Proceedings of the 2018 CHI Conference on Human Factors in Computing Systems*, Montreal, 2018, https://doi.org/10.1145/3173574 .3173625.

10. Jennifer Shuttleworth, "SAE Standards News: J3016 Automated-Driving Graphic Update," SAE International, January 7, 2019, https://www.sae .org/news/2019/01/sae-updates-j3016-automated-driving-graphic.

11. Ramya Ramakrishnan, "Error Discovery Through Human-AI Collaboration" (PhD diss., Massachusetts Institute of Technology, 2019).

12. Janis Cannon-Bowers, Eduardo Salas, and Sharolyn Converse, "Shared Mental Models in Expert Team Decision Making," *Individual and Group Decision Making: Current Issues* 221 (1993): 221–246.

13. Rob Gray, Nancy Cooke, Nathan McNeese, and Jamie McNabb, "Investigating Team Coordination in Baseball Using a Novel Joint Decision Making Paradigm," *Frontiers in Psychology* 8, no. 907 (June 2017), https://doi.org/10.3389 /fpsyg.2017.00907.

14. Jamie C. Gorman, Nancy J. Cooke, and Polemnia G. Amazeen, "Training Adaptive Teams," *Human Factors* 52, no. 2 (July 2010), https://doi.org /10.1177/0018720810371689.

15. Ramya Ramakrishnan, Chongjie Zhang, and Julie Shah, "Perturbation Training for Human-Robot Teams," *Journal of Artificial Intelligence Research* 59 (July 2017): 495–541, https://doi.org/10.1613/jair.5390.

16. Jeff Zacks and Barbara Tversky, "Bars and Lines: A Study of Graphic Communication," *Memory and Cognition* 27, no. 6 (1999): 1073–1079, https:// doi.org/10.3758/bf03201236.

17. Lance Sherry, Karl Fennell, Michael Feary, and Peter Polson, "Human-Computer Interaction Analysis of Flight Management System Messages," *Journal of Aircraft* 43, no. 5 (2006): 1372–1376, https://doi.org/10.2514/1.20026.

18. Kim J. Vicente and Jens Rasmussen, "Ecological Interface Design: Theoretical Foundations," *IEEE Transactions on Systems, Man, and Cybernetics* 22, no. 4 (July 1992): 589–606, https://doi.org/10.1109/21.156574.

19. William S. Pawlak and Kim J. Vicente, "Inducing Effective Operator Con-

trol Through Ecological Interface Design," *International Journal of Human-Computer Studies* 44, no. 5 (1996): 653–688; Michael E. Janzen and Kim J. Vicente, "Attention Allocation Within the Abstraction Hierarchy," *International Journal of Human-Computer Studies* 48, no. 4 (1998): 521–545.

20. Natalie Wolchover, "Breaking the Code: Why Yuor Barin Can Raed Tihs," *Live Science*, February 9, 2012, https://www.livescience.com/18392-reading -jumbled-words.html.

21. Caprice C. Greenberg, Scott E. Regenbogen, Stuart R. Lipsitz, Rafael Diaz-Flores, and Atul A. Gawande, "The Frequency and Significance of Discrepancies in the Surgical Count," *Annals of Surgery* 248, no. 2 (2008): 337–341.

22. Mark A. Staal, "Stress, Cognition, and Human Performance: A Literature Review and Conceptual Framework," *NASA Technical Memorandum*, August 2004, available from NASA Technical Reports Server, https://https://ntrs .nasa.gov/archive/nasa/casi.ntrs.nasa.gov/20060017835.pdf.

23. David E. Kieras and Susan Bovair, "The Role of a Mental Model in Learning to Operate a Device," *Cognitive Science* 8, no. 3 (July 1984), https://doi .org/10.1016/S0364-0213(84)80003-8.

第 3 章

1. *Final Report on the Accident on 1st June 2009 to the Airbus A330-203 Registered F-GZCP Operated by Air France Flight AF 447 Rio de Janeiro–Paris* (Le Bourget, France: Bureau d'Enquêtes et d'Analyses pour la sécurité de l'aviation civile, July 2012), https://www.bea.aero/docspa/2009/f-cp090601.en/pdf /f-cp090601.en.pdf.

2. *Aircraft Accident Report: Eastern Airlines 401/l-1011, Miami, FL, 29 December 1972*, NTSB/AAR-73-14 (Washington, DC: National Transportation Safety Board, 1973); *Aircraft Accident Report: United Airlines, Inc., McDonnell Douglas DC-8-61, N8082U, Portland, OR, 28 December 1978*, NTSB/AAR-79-07 (Washington, DC: National Transportation Safety Board, 1979); *Aircraft Separation Incidents at Hartsfield Atlanta International Airport, Atlanta, GA*, NTSB/SIR-81-6 (Washington, DC: National Transportation Safety Board, 1981); *Aircraft Accident Report: Northwest Airlines, Inc., McDonnell-Douglas DC-9-82, N312RC, Detroit Metropolitan Wayne County Airport, 16 August 1987*, NTSB/AAR-99-05 (Washington, DC: National Transportation Safety Board, 1988); *Aircraft Accident Report: US Air Flight 105,*

参 考 文 献

Boeing 737-200, N282AU, Kansas International Airport, MO, 8 September 1989, NTSB/AAR-90-04 (Washington, DC: National Transportation Safety Board, 1990).

3. Mica R. Endsley and David B. Kaber, "Level of Automation Effects on Performance, Situation Awareness and Workload in a Dynamic Control Task," *Ergonomics* 42, no. 3 (March 1999): 462–492.

4. *Traffic Safety Facts: Crash Stats* (Washington, DC: US Department of Transportation, National Highway Traffic Safety Administration, February 2015), https://crashstats.nhtsa.dot.gov/Api/Public/ViewPublication/812115.

5. *Final Report on the Accident on 1st June 2009 to the Airbus A330-203 Registered F-GZCP Operated by Air France Flight AF 447 Rio de Janeiro–Paris.*

6. *Managing Human Error*, postnote No. 156 (London: Parliamentary Office of Science and Technology, June 2001), https://www.parliament.uk/documents/post/pn156.pdf.

7. Joseph Stromberg, "Is GPS Ruining Our Ability to Navigate for Ourselves?," *Vox*, September 2, 2015, https://www.vox.com/2015/9/2/9242049/gps-maps-navigation; Toru Ishikawa, Hiromichi Fujiwara, Osamu Imai, and Atsuyuki Okabe, "Wayfinding with a GPS-Based Mobile Navigation System: A Comparison with Maps and Direct Experience," *Journal of Environmental Psychology* 28, no. 1 (2008): 74–82.

8. Raja Parasuraman and Victor Riley, "Humans and Automation: Use, Misuse, Disuse, Abuse," *Human Factors* 39, no. 2 (June 1997): 230–253, https://doi.org/10.1518/001872097778543886; Victor Riley, "Operator Reliance on Automation: Theory and Data," *Automation and Human Performance: Theory and Applications* (1996): 19–35.

9. V. Riley, "A Theory of Operator Reliance on Automation," in *Human Performance in Automated Systems: Recent Research and Trends*, ed. M. Mouloua and R. Parasuraman (Hillsdale, NJ: Erlbaum, 1994), 8–14.

10. Rebecca A. Grier, Joel S. Warm, William N. Dember, Gerald Matthews, Traci L. Galinsky, and Raja Parasuraman, "The Vigilance Decrement Reflects Limitations in Effortful Attention, Not Mindlessness," *Human Factors* 45, no. 3 (Fall 2013): 349–359, https://doi.org/10.1518/hfes.45.3.349.27253.

11. Paul Robinette, Wenchen Li, Robert Allen, Ayanna M. Howard, and Alan R. Wagner, "Overtrust of Robots in Emergency Evacuation Scenarios," *11th ACM/IEEE International Conference on Human-Robot Interaction (HRI)*, Christchurch, 2016, https://doi.org/10.1109/hri.2016.7451740.

12. Deborah Baer, "What E.R. Doctors Wish You Knew," *Parents*, June 1, 2003, https://www.parents.com/health/doctors/what-er-doctors-wish-you-knew.

13. Barbara A. Morrongiello, "Caregiver Supervision and Child-Injury Risk: I. Issues in Defining and Measuring Supervision; II. Findings and Directions for Future Research," *Journal of Pediatric Psychology* 30, no. 7 (2005): 536–552, https://doi.org/10.1093/jpepsy/jsi041.

14. Mica R. Endsley, "A Taxonomy of Situation Awareness Errors," *Human Factors in Aviation Operations* 3, no. 2 (1995): 287–292.

15. Amos Tversky and Daniel Kahneman, "Judgment Under Uncertainty: Heuristics and Biases," *Science* 185, no. 4157 (1974): 1124–1131, https://doi.org/10.1126/science.185.4157.1124.

16. Herbert A. Simon, "A Behavioral Model of Rational Choice," *Quarterly Journal of Economics* 69, no. 1 (1955): 99, https://doi.org/10.2307/1884852; Anthony D. Cox and John O. Summers, "Heuristics and Biases in the Intuitive Projection of Retail Sales," *Journal of Marketing Research* 24, no. 3 (1987): 290, https://doi.org/10.2307/3151639; Brian Smith, Priya Sharma, and Paula Hooper, "Decision Making in Online Fantasy Sports Communities," *Interactive Technology and Smart Education* 3, no. 4 (2006): 347–360, https://doi.org/10.1108/17415650680000072; Gary Klein, Roberta Calderwood, and Anne Clinton-Cirocco, "Rapid Decision Making on the Fire Ground: The Original Study Plus a Postscript," *Journal of Cognitive Engineering and Decision Making* 4, no. 3 (2010): 186–209, https://doi.org/10.1518/155534310x12844000801203; Judith M. Orasanu, "Flight Crew Decision-Making," in *Crew Resource Management*, 2nd ed., ed. Barbara G. Kanki, Robert L. Helmreich, and Jose Anca (San Diego: Elsevier, 2010), 147–179, https://pdfs.semanticscholar.org/442d/0b8e4c936b84f15d2814dd0871fdc896f40f.pdf.

17. Morrongiello, "Caregiver Supervision and Child-Injury Risk."

18. Morrongiello, "Caregiver Supervision and Child-Injury Risk."

19. Alice LaPlante, "Robot Nannies Are Here, but Won't Replace Your Babysitter—Yet," *Forbes*, March 29, 2017, https://www.forbes.com/sites/centurylink/2017/03/29/robot-nannies-are-here-but-wont-replace-your-babysitter-yet/#37511fb956b7.

20. Mica R. Endsley, "Toward a Theory of Situation Awareness in Dynamic Systems," *Human Factors* 37, no. 1 (March 1995): 32–64, https://doi.org/10.1518/001872095779049543.

参 考 文 献

21. *Aircraft Accident Report, China Airlines Boeing 747-SP, N4522V 300 Nautical Miles Northwest of San Francisco, CA, February 19, 1985, NTSB/AAR-86/03* (Washington, DC: National Transportation Safety Board, 1986), https://www.ntsb.gov/investigations/AccidentReports/Reports/AAR8603.pdf.

22. Robert M. Yerkes and John D. Dodson, "The Relation of Strength of Stimulus to Rapidity of Habit-Formation," *Journal of Comparative Neurology and Psychology* 18, no. 5 (1908): 459–482, https://doi.org/10.1002/cne.920180503.

23. A. O'Dhaniel, Ruth L. F. Leong, and Yoanna A. Kurnianingsih, "Cognitive Fatigue Destabilizes Economic Decision Making Preferences and Strategies," *PLOS One* 10, no. 7 (2015); Davide Dragone, "I Am Getting Tired: Effort and Fatigue in Intertemporal Decision-Making," *Journal of Economic Psychology* 30, no. 4 (2009): 552–562; Linda D. Scott, Cynthia Arslanian-Engoren, and Milo C. Engoren, "Association of Sleep and Fatigue with Decision Regret Among Critical Care Nurses," *American Journal of Critical Care* 23, no. 1 (2014): 13–23; Mitchell R. Smith, Linus Zeuwts, Matthieu Lenoir, Nathalie Hens, Laura M. S. De Jong, and Aaron J. Coutts, "Mental Fatigue Impairs Soccer-Specific Decision-Making Skill," *Journal of Sports Sciences* 34, no. 14 (2016): 1297–1304; Shai Danziger, Jonathan Levav, and Liora Avnaim-Pesso, "Extraneous Factors in Judicial Decisions," *Proceedings of the National Academy of Sciences* 108, no. 17 (2011): 6889–6892.

24. Joshua Rubinstein, David E. Meyer, and Jeffrey E. Evans, "Executive Control of Cognitive Processes in Task Switching," *Journal of Experimental Psychology: Human Perception and Performance* 27, no. 4 (August 2001): 763–797, https://doi.org/10.1037/0096-1523.27.4.763.

25. Jerry L. Franke, Jody J. Daniels, and Daniel C. Mcfarlane, "Recovering Context After Interruption," *Proceedings of the Twenty-Fourth Annual Conference of the Cognitive Science Society* (New York: Routledge, 2019), 310–315, https://doi.org/10.4324/9781315782379-90; Kyle Kotowick and Julie Shah, "Intelligent Sensory Modality Selection for Electronic Supportive Devices," in *Proceedings of the 22nd International Conference on Intelligent User Interfaces*, 2017, 55–66.

26. R. John Hansman, "Complexity in Aircraft Automation—A Precursor for Concerns in Human-Automation Systems," *Phi Kappa Phi Journal* 81, no. 1 (2001): 30; Michael A. Mollenhauer, Thomas A. Dingus, Cher Carney, Jonathan M. Hankey, and Steve Jahns, "Anti-Lock Brake Systems: An Assessment of Training on Driver Effectiveness," *Accident Analysis and Prevention* 29, no. 1 (1997): 97–108, https://doi.org/10.1016/s0001-4575(96)00065-6.

27. Nadine B. Sarter and David D. Woods, "How in the World Did We Ever Get into That Mode? Mode Error and Awareness in Supervisory Control," *Human Factors* 37, no. 1 (1995): 5–19, https://doi.org/10.1518/001872095779049516.

28. Mica R. Endsley, "Autonomous Driving Systems: A Preliminary Naturalistic Study of the Tesla Model S," *Journal of Cognitive Engineering and Decision Making* 11, no. 3 (2017): 225–238, https://doi.org/10.1177/1555343417695197.

29. *Collision Between US Navy Destroyer John S McCain and Tanker Alnic MC Singapore Strait, 5 Miles Northeast of Horsburgh Lighthouse, August 21, 2017, NTSB/MAR-19/01 PB2019-100970* (Washington, DC: National Transportation Safety Board, 2019).

30. Sanjay S. Vakil and R. John Hansman Jr., "Approaches to Mitigating Complexity-Driven Issues in Commercial Autoflight Systems," *Reliability Engineering and System Safety* 75, no. 2 (2002): 133–145.

31. Daniel Kahneman and Amos Tversky, "Choices, Values, and Frames," *American Psychologist* 39, no. 4 (1984): 341–350, https://doi.org/10.1037/0003-066X.39.4.341.

32. J. R. Hackman, *Leading Teams: Setting the Stage for Great Performances* (Boston: Harvard Business School Press, 2002); George E. Cooper, Maurice D. White, and John K. Lauber, "Resource Management on the Flightdeck," NASA Conference Publication 2120 (Moffett Field, CA: NASA, 1980), available from NASA Technical Reports Server, https://ntrs.nasa.gov/archive/nasa/casi.ntrs.nasa.gov/19800013796.pdf.

33. Matthew C. Gombolay, Reymundo A. Gutierrez, Shanelle G. Clarke, Giancarlo F. Sturla, and Julie A. Shah, "Decision-Making Authority, Team Efficiency and Human Worker Satisfaction in Mixed Human–Robot Teams," *Autonomous Robots* 39, no. 3 (2015): 293–312, https://doi.org/10.1007/s10514-015-9457-9.

34. Gombolay et al., "Decision-Making Authority."

35. Jimmy Baraglia, Maya Cakmak, Yukie Nagai, Rajesh Rao, and Minoru Asada, "Initiative in Robot Assistance During Collaborative Task Execution," in *11th ACM/IEEE International Conference on Human Robot Interaction*, Christchurch, 2016, 67–74; Guy Hoffman and Cynthia Breazeal, "Effects of Anticipatory Action on Human-Robot Teamwork Efficiency, Fluency, and Perception of Team," in *2nd ACM/IEEE International Conference on Human-Robot Interaction*, Arlington, VA, 2007, 1–8, https://doi.org/10.1145/1228716.1228718; Chien-Ming Huang and Bilge Mutlu, "Anticipatory Robot Control for Efficient

参 考 文 献

Human-Robot Collaboration," in *11th ACM/IEEE International Conference on Human Robot Interaction*, Christchurch, 2016, 83–90; Chang Liu, Jessica Hamrick, Jaime Fisac, Anca Dragan, J. Hedrick, S. Sastry, and Thomas Griffiths, "Goal Inference Improves Objective and Perceived Performance in Human-Robot Collaboration," in *AAMAS 2016: International Conference on Autonomous Agents and Multiagent Systems*, Singapore, 2016, 940–948.

36. Jessie Y. Chen, Katelyn Procci, Michael Boyce, Julia Wright, Andre Garcia, and Michael Barnes, *Situation Awareness–Based Agent Transparency*, No. ARL-TR-6905, Army Research Lab, Aberdeen Proving Ground, Maryland, Human Research and Engineering Directorate, 2014.

37. Endsley, "Autonomous Driving Systems."

38. David B. Kaber and Mica R. Endsley, "The Effects of Level of Automation and Adaptive Automation on Human Performance, Situation Awareness and Workload in a Dynamic Control Task," *Theoretical Issues in Ergonomics Science* 5, no. 2 (2004): 153.

第 4 章

1. Matt Simon, "San Francisco Just Put the Brakes on Delivery Robots," *Wired Science*, December 6, 2017, https://www.wired.com/story/san-francisco -just-put-the-brakes-on-delivery-robots.

2. Donald Norman, *The Design of Everyday Things* (New York: Doubleday, 1988).

3. Josh Hrala, "A Mall Security Robot Has Knocked Down and Run Over a Toddler in Silicon Valley," *Science Alert*, July 15, 2016, https://www.sciencealert .com/a-mall-security-robot-recently-knocked-down-and-ran-over-a-toddler-in -silicon-valley.

4. Walter J. Freeman, "Comparison of Brain Models for Active vs. Passive Perception," *Information Sciences* 116, nos. 2–4 (1999): 97–107, https://doi.org /10.1016/s0020-0255(98)10100-7.

5. Dorsa Sadigh, Shankar Sastry, Sanjit A. Seshia, and Anca D. Dragan, "Planning for Autonomous Cars That Leverage Effects on Human Actions," *Robotics: Science and Systems* 12 (2016), https://doi.org/10.15607/rss.2016.xii.029; Sonia Chernova, Vivian Chu, Angel Daruna, Haley Garrison, Meera Hahn, Priyanka Khante, Weiyu Liu, and Andrea Thomaz, "Situated Bayesian Reasoning Framework

for Robots Operating in Diverse Everyday Environments," in *Robotics Research: The 18th International Symposium ISRR*, ed. Nancy M. Amato, Greg Hager, Shawna Thomas, and Miguel Torres-Torriti, Springer Proceedings in Advanced Robotics, vol. 10 (Cham, Switzerland: Springer, 2020), 353–369, https://doi.org/10.1007/978-3-030-28619-4_29; Micah Carroll, Rohin Shah, Mark K. Ho, Tom Griffiths, Sanjit Seshia, Pieter Abbeel, and Anca Dragan, "On the Utility of Learning About Humans for Human-AI Coordination," in *Advances in Neural Information Processing Systems* (2019): 5175–5186; Rohan Paul, Jacob Arkin, Derya Aksaray, Nicholas Roy, and Thomas M. Howard, "Efficient Grounding of Abstract Spatial Concepts for Natural Language Interaction with Robot Platforms," *International Journal of Robotics Research* 37, no. 10 (2018): 1269–1299; David Whitney, Miles Eldon, John Oberlin, and Stefanie Tellex, "Interpreting Multimodal Referring Expressions in Real Time," in *2016 IEEE International Conference on Robotics and Automation (ICRA)*, Stockholm, 2016, 3331–3338, https://doi.org/10.1109/icra.2016.7487507; Karol Hausman, Yevgen Chebotar, Stefan Schaal, Gaurav Sukhatme, and Joseph J. Lim, "Multi-Modal Imitation Learning from Unstructured Demonstrations Using Generative Adversarial Nets," in *NIPS'17: Advances in Neural Information Processing Systems* (December 2017), 1235–1245; Matthew Gombolay, Reed Jensen, Jessica Stigile, Toni Golen, Neel Shah, Sung-Hyun Son, and Julie Shah, "Human-Machine Collaborative Optimization via Apprenticeship Scheduling," *Journal of Artificial Intelligence Research* 63 (2018): 1–49, https://doi.org/10.1613/jair.1.11233; Emmanuel Senft, Séverin Lemaignan, Paul E. Baxter, Madeleine Bartlett, and Tony Belpaeme, "Teaching Robots Social Autonomy from in Situ Human Guidance," *Science Robotics* 4, no. 35 (2019), https://doi.org/10.1126/scirobotics.aat1186; Manuela M. Veloso, Joydeep Biswas, Brian Coltin, and Stephanie Rosenthal, "CoBots: Robust Symbiotic Autonomous Mobile Service Robots," in *IJCAI'15: Proceedings of the 24th International Conference on Artificial Intelligence* (Palo Alto, CA: AAAI Press, 2015), 4423.

6. "Hospital Recruits Robot Cleaner," BBC News, June 19, 2001, http://news.bbc.co.uk/2/hi/health/1396433.stm.

7. Bilge Mutlu and Jodi Forlizzi, "Robots in Organizations: The Role of Workflow, Social, and Environmental Factors in Human-Robot Interaction," in *3rd ACM/IEEE International Conference on Human Robot Interaction*, Amsterdam, 2008, 287–294.

8. Michael Leonard, Suzanne Graham, and Doug Bonacum, "The Human Factor: The Critical Importance of Effective Teamwork and Communication in

参 考 文 献

Providing Safe Care," *BMJ Quality and Safety* 13, suppl. 1 (2004): i85–i90; "Sentinel Event," Joint Commission, https://www.jointcommission.org/resources/patient -safety-topics/sentinel-event; "Patient Safety," Joint Commission, https://www .jointcommission.org/resources/patient-safety-topics/patient-safety.

9. M. Gombolay, X. Jessie Yang, B. Hayes, N. Seo, Z. Liu, S. Wadhwania, T. Yu, N. Shah, T. Golen, and J. Shah, "Robotic Assistance in Coordination of Patient Care," in *Robotics: Science and Systems* 12 (June 2016), https://doi.org/10 .15607/RSS.2016.XII.026.

10. Wendy Ju, "The Design of Implicit Interactions," *Synthesis Lectures on Human-Centered Informatics* 8, no. 2 (2015): 1–93, https://doi.org/10.2200 /s00619ed1v01y201412hci028.

11. Nellie Bowles, "Google Self-Driving Car Collides with Bus in California, Accident Report Says," *The Guardian*, March 1, 2016, https://www.theguardian .com/technology/2016/feb/29/google-self-driving-car-accident-california.

12. Cynthia Breazeal, "Social Interactions in HRI: The Robot View," *IEEE Transactions on Systems, Man, and Cybernetics, Part C: Applications and Reviews* 34, no. 2 (2004): 181–186; Hee Rin Lee and Selma Sabanović, "Culturally Variable Preferences for Robot Design and Use in South Korea, Turkey, and the United States," in *9th ACM/IEEE International Conference on Human-Robot Interaction (HRI)*, Bielefeld, Germany, 2014, 17–24, https://doi.org/10.1145 /2559636.2559676.

13. John D. Lee and Katrina A. See, "Trust in Automation: Designing for Appropriate Reliance," *Human Factors* 46, no. 1 (2004): 50–80, https://doi .org/10.1518/hfes.46.1.50.30392.

14. Kristin E. Schaefer, Jessie Y. C. Chen, James L. Szalma, and P. A. Hancock, "A Meta-Analysis of Factors Influencing the Development of Trust in Automation," *Human Factors* 58, no. 3 (2016): 377–400, https://doi.org/10.1177 /0018720816634228; Peter A. Hancock, Deborah R. Billings, Kristin E. Schaefer, Jessie Y. C. Chen, Ewart J. De Visser, and Raja Parasuraman, "A Meta-Analysis of Factors Affecting Trust in Human-Robot Interaction," *Human Factors* 53, no. 5 (2011): 517–527, https://doi.org/10.1177/0018720811417254; Jessie X. Yang, V. V. Unhelkar, K. Li, and J. A. Shah, "Evaluating Effects of User Experience and System Transparency on Trust in Automation," in *12th ACM/IEEE International Conference on Human Robot Interaction (HRI)*, Vienna, 2017; Shih-Yi Chien, Michael Lewis, Katia Sycara, Asiye Kumru, and Jyi-Shane Liu, "Influence of Culture, Trans-

parency, Trust, and Degree of Automation on Automation Use," *IEEE Transactions on Human-Machine Systems* (2019).

15. Yang et al., "Evaluating Effects of User Experience."

16. M. C. Gombolay, R. A. Gutierrez, S. G. Clarke, G. F. Sturla, and J. A. Shah, "Decision-Making Authority, Team Efficiency and Human Worker Satisfaction in Mixed Human-Robot Teams," *Autonomous Robots* 39, no. 3 (October 2015): 312.

17. Norman, *Design of Everyday Things*.

18. Bob Johnson, "Man Killed in Crash; Drone Operator May Face Charges for Flying over Scene," *mlive*, August 18, 2017, https://www.mlive.com/news/saginaw/2017/08/man_killed_in_crash_drone_oper.html.

19. "Drone Citings and Near Misses," Center for the Study of the Drone at Bard College, August 2015, https://dronecenter.bard.edu/files/2015/08/Near-Misses-Clean-Version-6.pdf.

第 5 章

1. Candace Lombardi, "Are Drivers Ready for High-Tech Onslaught?," *Roadshow by CNET*, August 29, 2007, https://www.cnet.com/roadshow/news/are-drivers-ready-for-high-tech-onslaught.

2. Donald A. Norman, "Interaction Design for Automobile Interiors," November 17, 2008, https://jnd.org/interaction_design_for_automobile_interiors.

3. Alessandro Giusti, Jérôme Guzzi, Dan C. Cireşan, Fang-Lin He, Juan P. Rodríguez, Flavio Fontana, Matthias Faessler, et al., "A Machine Learning Approach to Visual Perception of Forest Trails for Mobile Robots," *IEEE Robotics and Automation Letters* 1, no. 2 (July 2016): 661–667, https://doi.org/10.1109/LRA.2015.2509024.

4. Diane Coutu, "Why Teams Don't Work," *Harvard Business Review*, May 2009, https://hbr.org/2009/05/why-teams-dont-work.

5. Jakob Nielsen and Rolf Molich, "Heuristic Evaluation of User Interfaces," *Proceedings of the SIGCHI Conference on Human Factors in Computing Systems*, Seattle, 1990, 249–256, https://doi.org/10.1145/97243.97281.

6. "MHCI Curriculum," Carnegie Mellon University Human-Computer Interaction Institute, https://www.hcii.cmu.edu/academics/mhci/core-curriculum.

7. Jake Knapp, with John Zeratsky and Braden Kowitz, *Sprint: How to Solve*

参 考 文 献

Big Problems and Test New Ideas in Just Five Days (New York: Simon and Schuster, 2016).

8. "Make Your UX Design Process Agile Using Google's Methodology," Interaction Design Foundation, https://www.interaction-design.org/literature/article/make -your-ux-design-process-agile-using-google-s-methodology.

9. Bjorn Fehrm, "Aircraft Programme Cost," *Leeham News and Analysis*, March 21, 2016, https://leehamnews.com/2016/03/21/aircraft-programme-cost.

10. "iRobot 510 PackBot Multi-Mission Robot," *Army Technology*, https:// www.army-technology.com/projects/irobot-510-packbot-multi-mission-robot.

11. "The MIT DARPA Robotics Challenge Team," http://drc.mit.edu.

12. Matthew Johnson, Jeffrey M. Bradshaw, Paul J. Feltovich, Robert R. Hoffman, Catholijn Jonker, Birna van Riemsdijk, and Maarten Sierhuis, "Beyond Cooperative Robotics: The Central Role of Interdependence in Coactive Design," *IEEE Intelligent Systems* 26, no. 3 (2011): 81–88; Martijn Ijtsma, Lanssie M. Ma, Amy R. Pritchett, and Karen M. Feigh, "Computational Methodology for the Allocation of Work and Interaction in Human-Robot Teams," *Journal of Cognitive Engineering and Decision Making* 13, no. 4 (2019): 221–241, https://doi.org /10.1177/1555343419869484.

13. Matthew Johnson, Jeffrey M. Bradshaw, Paul J. Feltovich, Catholijn M. Jonker, M. Birna Van Riemsdijk, and Maarten Sierhuis, "Coactive Design: Designing Support for Interdependence in Joint Activity," *Journal of Human-Robot Interaction* 3, no. 1 (2014): 43–69.

14. Jessie Y. C. Chen, Katelyn Procci, Michael Boyce, Julia Wright, Andre Garcia, and Michael Barnes, *Situation Awareness–Based Agent Transparency*, No. ARL-TR-6905 (Aberdeen, MD: Army Research Lab Human Research and Engineering Directorate, 2014); Jessie Y. C. Chen, Michael J. Barnes, Julia L. Wright, Kimberly Stowers, and Shan G. Lakhmani, "Situation Awareness–Based Agent Transparency for Human-Autonomy Teaming Effectiveness," *Micro- and Nanotechnology Sensors, Systems, and Applications IX* 101941V (2017), https://doi .org/10.1117/12.2263194.

15. Chen et al., *Situation Awareness–Based Agent Transparency*; Chen et al., "Situation Awareness–Based Agent Transparency for Human-Autonomy Teaming Effectiveness."

16. Claudia Pérez D'Arpino, "Hybrid Learning for Multi-Step Manipulation in Collaborative Robotics" (PhD diss., Massachusetts Institute of Technology, 2019), https://dspace.mit.edu/handle/1721.1/122740.

17. Maria Cvach, "Monitor Alarm Fatigue: An Integrative Review," *Biomedical Instrumentation and Technology* 46, no. 4 (2012): 268–277.

18. Michael J. Muller, "Participatory Design: The Third Space in HCI," in *The Human-Computer Interaction Handbook*, ed. Julie A. Jacko (Boca Raton, FL: CRC Press, 2007), 1087–1108.

19. Robert C. Martin, *Agile Software Development: Principles, Patterns, and Practices* (Harlow, UK: Pearson, 2002); Frauke Paetsch, Armin Eberlein, and Frank Maurer, "Requirements Engineering and Agile Software Development," in *WET ICE 2003, Proceedings, Twelfth IEEE International Workshops on Enabling Technologies: Infrastructure for Collaborative Enterprises* (Piscataway, NJ: IEEE, 2003), 308–313.

20. Hugh Beyer and Karen Holtzblatt, *Contextual Design: Defining Customer-Centered Systems* (London: Academic Press, 1998).

21. Nielsen and Molich, "Heuristic Evaluation of User Interfaces"; Clayton Lewis and Cathleen Wharton, "Cognitive Walkthroughs," in *Handbook of Human-Computer Interaction*, ed. Marting G. Helander, Thomas K. Landauer, and Prasad V. Prabhu (Amsterdam: Elsevier B.V., 1997), https://doi.org/10.1016/B978-044481862-1.50096-0.

22. David E. Kieras, "Towards a Practical GOMS Model Methodology for User Interface Design," in *Handbook of Human-Computer Interaction*, ed. Marting G. Helander (Amsterdam: Elsevier B.V., 1988), https://doi.org/10.1016/B978-0-444-70536-5.50012-9.

23. John R. Anderson, "ACT: A Simple Theory of Complex Cognition," *American Psychologist* 51, no. 4 (1996): 355–365, https://doi.org/10.1037/0003-066x.51.4.355; Jerome R. Busemeyer and Adele Diederich, *Cognitive Modeling* (Thousand Oaks, CA: Sage, 2010).

24. Janni Nielsen, Torkil Clemmensen, and Carsten Yssing, "Getting Access to What Goes on in People's Heads?," *Proceedings of the Second Nordic Conference on Human-Computer Interaction (NordiCHI 02)* (New York: ACM, 2002), https://doi.org/10.1145/572020.572033; Shawn Patton, "The Definitive Guide to Playtest Questions," *Schell Games*, April 27, 2017, https://www.schellgames.com/blog/the-definitive-guide-to-playtest-questions.

25. Jen Cardello, "Three Uses for Analytics in User-Experience Practice," Nielsen Norman Group, November 17, 2013, https://www.nngroup.com/articles/analytics-user-experience/?lm=analytics-and-user-experience&pt=course.

第 6 章

1. Judea Pearl, "The Seven Tools of Causal Inference, with Reflections on Machine Learning," *Communications of the ACM* 62, no. 3 (2019): 54–60, https://doi.org/10.1145/3241036.

2. Finale Doshi-Velez and Been Kim, "Towards a Rigorous Science of Interpretable Machine Learning," *arXiv:1702.08608* (2017).

3. Daniel Kahneman, *Thinking, Fast and Slow* (New York: Farrar, Straus & Giroux, 2011).

4. Mycal Tucker and J. Shah, "Adversarially Guided Self-Play for Adopting Social Conventions," *arXiv:2001.05994* (2020); Bradley Hayes and Julie A. Shah, "Interpretable Models for Fast Activity Recognition and Anomaly Explanation During Collaborative Robotics Tasks," in *2017 IEEE International Conference on Robotics and Automation (ICRA)*, Marina Bay Sands, Singapore, 2017, https://doi.org/10.1109/icra.2017.7989778; Jyoti Aneja, Harsh Agrawal, Dhruv Batra, and Alexander Schwing, "Sequential Latent Spaces for Modeling the Intention During Diverse Image Captioning," *Proceedings of the IEEE International Conference on Computer Vision* (Piscataway, NJ: IEEE, 2019), 4261–4270.

5. Vaibhav Unhelkar, S. Li, and J. Shah, "Decision-Making for Bidirectional Communication in Sequential Human-Robot Collaborative Tasks," in *15th ACM/IEEE International Conference on Human-Robot Interaction (HRI)*, Cambridge, 2020.

6. Terrence Fong, Illah Nourbakhsh, and Kerstin Dautenhahn, "A Survey of Socially Interactive Robots," *Robotics and Autonomous Systems* 42, nos. 3–4 (2003): 143–166; Jakub Złotowski, Diane Proudfoot, Kumar Yogeeswaran, and Christoph Bartneck, "Anthropomorphism: Opportunities and Challenges in Human–Robot Interaction," *International Journal of Social Robotics* 7, no. 3 (2015): 347–360.

7. Byron Reeves and Clifford Ivar Nass, *The Media Equation: How People Treat Computers, Television, and New Media Like Real People and Places* (Cambridge: Cambridge University Press, 1996).

8. Gary Klein, "The Recognition-Primed Decision (RPD) Model: Looking Back, Looking Forward," in *Naturalistic Decision Making*, ed. C. E. Zsambok and G. Klein (Hillsdale, NJ: Erlbaum, 1997), 285–292.

9. M. A. Brewer, K. Fitzpatrick, J. A. Whitacre, and D. Lord, "Exploration of Pedestrian Gap-Acceptance Behavior at Selected Locations," *Transportation Re-*

search Record 1982, no. 1 (2006): 132–140.

10. Fong et al., "Survey of Socially Interactive Robots."

11. Przemyslaw A. Lasota and Julie A. Shah, "Analyzing the Effects of Human-Aware Motion Planning on Close-Proximity Human–Robot Collaboration," *Human Factors* 57, no. 1 (2015): 21–33, https://doi.org/10.1177/0018720814565188.

12. Herbert A. Simon and Alan Newell, *Human Problem Solving* (Englewood Cliffs, NJ: Prentice-Hall, 1972); J. Chang, J. Boyd-Graber, S. Gerrish, C. Wang, and D. M. Blei, "Reading Tea Leaves: How Humans Interpret Topic Models," in *NIPS'09: Proceedings of the 22nd International Conference on Neural Information Processing Systems* (2009), 288–296; Gary A. Klein, *A Recognition-Primed Decision (RPD) Model of Rapid Decision Making* (New York: Ablex, 1993).

13. Been Kim, Cynthia Rudin, and Julie Shah, "The Bayesian Case Model: A Generative Approach for Case-Based Reasoning and Prototype Classification," in *NIPS'14: Proceedings of the 22nd International Conference on Neural Information Processing Systems* (2014), 288–296.

14. Kahneman, *Thinking, Fast and Slow*.

15. B. Hayes and J. A. Shah, "Improving Robot Controller Transparency Through Autonomous Policy Explanation," in *2017 ACM/IEEE International Conference on Human-Robot Interaction (HRI)*, Vienna, 2017, 303–312, https://doi.org/10.1145/2909824.3020233.

16. Daniel Szafir, Bilge Mutlu, and Terry Fong, "Communicating Directionality in Flying Robots," in *10th ACM/IEEE International Conference on Human-Robot Interaction (HRI)*, Portland, OR, 2015, 19–26, https://doi.org/10.1145/2696454.2696475.

第 7 章

1. *Investigation Report AX001-1-2/02: Boeing B757-200 and Tupolev TU154M, 1 July 2002* (Brunswick, Germany: Bundesstelle für Flugunfalluntersuchung, 2004), https://cfapp.icao.int/fsix/sr/reports/02001351_final_report_01.pdf.

2. James E. Kuchar and Ann C. Drumm, "The Traffic Alert and Collision Avoidance System," *Lincoln Laboratory Journal* 16, no. 2 (2007): 277–296.

3. Paul M. Fitts, ed., *Human Engineering for an Effective Air Navigation and Traffic Control System* (Washington, DC: National Research Council, 1951).

4. Diane Mcruer and Ezra Krendel, "The Man-Machine System Concept,"

Proceedings of the IRE 50, no. 5 (1962): 1117–1123, https://doi.org/10.1109/jrproc.1962.288016.

    5. Laurence R. Young, "On Adaptive Manual Control," *Ergonomics* 12, no. 4 (1969): 635–674, https://doi.org/10.1080/00140136908931083; Diane Mcruer and D. H. Weir, "Theory of Manual Vehicular Control," *Ergonomics* 12, no. 4 (1969): 599–633, https://doi.org/10.1080/00140136908931082.

    6. Jeff Wise, "Is the Boeing 737 Max Worth Saving?," *New York*, March 29, 2019, https://nymag.com/intelligencer/2019/03/is-the-boeing-737-max-worth-saving.html.

    7. "737 Max Updates," Boeing, https://www.boeing.com/commercial/737max/737-max-software-updates.page; "Boeing 737 Max: What Went Wrong?," BBC, April 5, 2019, https://www.bbc.com/news/world-africa-47553174.

    8. Lynne Collis and Paul Robins, "Developing Appropriate Automation for Signalling and Train Control on High Speed Railways," in *2001 People in Control: The Second International Conference on Human Interfaces in Control Rooms, Cockpits and Command Centres*, IET Conference Publication No. 482, Manchester, UK, 2001, 255–260.

    9. O. Bebek and M. Cenk Cavusoglu, "Intelligent Control Algorithms for Robotic-Assisted Beating Heart Surgery," *IEEE Transactions on Robotics* 23, no. 3 (2007): 468–480, https://doi.org/10.1109/tro.2007.895077.

    10. R. Parasuraman, T. B. Sheridan, and C. B. Wickens, "A Model for Types and Levels of Human Interaction with Automation," *IEEE Transactions on Systems, Man, and Cybernetics, Part A: Systems and Humans* 30, no. 3 (2000): 286–297, https://doi.org/10.1109/3468.844354.

    11. R. John Hansman, "Complexity in Aircraft Automation—A Precursor for Concerns in Human-Automation Systems," *Phi Kappa Phi National Forum* 81, no. 1 (2001): 30; Michael A. Mollenhauer, Thomas A. Dingus, Cher Carney, Jonathan M. Hankey, and Steve Jahns, "Anti-Lock Brake Systems: An Assessment of Training on Driver Effectiveness," *Accident Analysis and Prevention* 29, no. 1 (1997): 97–108, https://doi.org/10.1016/s0001-4575(96)00065-6.

    12. Mikael Ljung Aust, Lotta Jakobsson, Magdalena Lindman, and Erik Coelingh, "Collision Avoidance Systems—Advancements and Efficiency," *SAE Technical Paper* no. 2015-01-1406 (2015), https://doi.org/10.4271/2015-01-1406.

    13. Thomas Sheridan, "Space Teleoperation Through Time Delay: Review and Prognosis," *IEEE Transactions on Robotics and Automation* 9, no. 5 (1993):

592–606, https://doi.org/10.1109/70.258052; Thomas Sheridan, "Teleoperation, Telerobotics and Telepresence: A Progress Report," *Control Engineering Practice* 3, no. 2 (1995): 205–214, https://doi.org/10.1016/0967-0661(94)00078-u; Gary Witus, Shawn Hunt, and Phil Janicki, "Methods for UGV Teleoperation with High Latency Communications," in *Proceedings Volume 8045: SPIE Defense, Security, and Sensing. Unmanned Systems Technology XIII* (March 2011), 80450N, https://doi.org/10.1117/12.886058.

14. Jonathan Bohren, Chris Paxton, Ryan Howarth, Gregory D. Hager, and Louis L. Whitcomb, "Semi-Autonomous Telerobotic Assembly over High-Latency Networks," in *11th ACM/IEEE International Conference on Human-Robot Interaction (HRI)*, Christchurch, 2016, 149–156, https://doi.org/10.1109/hri.2016.7451746; Eric Krotkov, Douglas Hackett, Larry Jackel, Michael Perschbacher, James Pippine, Jesse Strauss, Gill Pratt, and Christopher Orlowski, "The DARPA Robotics Challenge Finals: Results and Perspectives," *Journal of Field Robotics* 34, no. 2 (2016): 229–240, https://doi.org/10.1002/rob.21683.

15. Emily Lakdawalla, *The Design and Engineering of Curiosity: How the Mars Rover Performs Its Job* (New York: Springer International, 2018).

16. Mary L. Cummings and Stephanie Guerlain, "Developing Operator Capacity Estimates for Supervisory Control of Autonomous Vehicles," *Human Factors* 49, no. 1 (2007): 1–15; Gloria L. Calhoun, Michael A. Goodrich, John R. Dougherty, Julie A. Adams, and N. Cooke, "Human-Autonomy Collaboration and Coordination Toward Multi-RPA Missions," in *Remotely Piloted Aircraft Systems: A Human Systems Integration Perspective*, ed. Nancy J. Cooke, Leah J. Rowe, Winston Bennett Jr., and DeForest Q. Joralmon (Chichester, West Sussex, UK: John Wiley and Sons, 2016), 109–136, https://doi.org/10.1002/9781118965900.ch5.

17. Jin-Hee Cho, Yating Wang, Ing-Ray Chen, Kevin S. Chan, and Ananthram Swami, "A Survey on Modeling and Optimizing Multi-Objective Systems," *IEEE Communications Surveys & Tutorials* 19, no. 3 (2017): 1867–1901, https://doi.org/10.1109/comst.2017.2698366; Sameera Ponda, Josh Redding, Han-Lim Choi, Jonathan P. How, Matt Vavrina, and John Vian, "Decentralized Planning for Complex Missions with Dynamic Communication Constraints," in *Proceedings of the 2010 American Control Conference* (Piscataway, NJ: IEEE: 2010), 3998–4003, https://doi.org/10.1109/acc.2010.5531232; Federico Celi, Li Wang, Lucia Pallottino, and Magnus Egerstedt, "Deconfliction of Motion Paths with Traffic Inspired Rules," *IEEE Robotics and Automation Letters* 4, no. 2 (2019): 2227–2234, https://doi.org/10.1109/lra.2019.2899932.

18. Justin Werfel, Kirstin Petersen, and Radhika Nagpal, "Designing Collective Behavior in a Termite-Inspired Robot Construction Team," *Science* 343, no. 6172 (2014): 754–758, https://doi.org/10.1126/science.1245842.

19. Jin-Hee Cho et al., "Survey on Modeling."

第 8 章

1. Sebastian Timar, George Hunter, and Joseph Post, "Assessing the Benefits of NextGen Performance-Based Navigation," *Air Traffic Control Quarterly* 21, no. 3 (2013): 211–232, https://doi.org/10.2514/atcq.21.3.211.

2. *ISO/TS 15066:2016 Robots and Robotic Devices—Collaborative Robots* (Geneva: ISO, 2016), https://www.iso.org/standard/62996.html; Przemyslaw A. Lasota, Gregory F. Rossano, and Julie A. Shah, "Toward Safe Close-Proximity Human-Robot Interaction with Standard Industrial Robots," in *2014 IEEE International Conference on Automation Science and Engineering (CASE)*, Chinese Taipei, 2014, 339–344, https://doi.org/10.1109/coase.2014.6899348; Jeremy A. Marvel and Rick Norcross, "Implementing Speed and Separation Monitoring in Collaborative Robot Workcells," *Robotics and Computer-Integrated Manufacturing* 44 (April 2017): 144–155, https://doi.org/10.1016/j.rcim.2016.08.001; Akansel Cosgun, Emrah Akin Sisbot, and Henrik Iskov Christensen, "Anticipatory Robot Path Planning in Human Environments," in *2016 25th IEEE International Symposium on Robot and Human Interactive Communication (RO-MAN)*, New York, 2016, https://doi.org/10.1109/roman.2016.7745174; Vaibhav V. Unhelkar, Przemyslaw A. Lasota, Quirin Tyroller, Rares-Darius Buhai, Laurie Marceau, Barbara Deml, and Julie A. Shah, "Human-Aware Robotic Assistant for Collaborative Assembly: Integrating Human Motion Prediction with Planning in Time," *IEEE Robotics and Automation Letters (RA-L)* 3, no. 3 (2018): 2394–2401, https://doi.org/10.1109/lra.2018.2812906.

3. "Smarter, Smaller, Safer Robots," *Harvard Business Review*, November 2015, https://hbr.org/2015/11/smarter-smaller-safer-robots.

4. Nick A. Komons, *Bonfires to Beacons: Federal Civil Aviation Policy Under the Air Commerce Act 1926-1938* (Washington, DC: FAA, 1978); Charles F. Horne, "Airways: Today and Tomorrow," *Signals* 7–9 (1953): 11.

5. *Accident Investigation Report, Official Report SA-320, File No. 1-0090*, Civil Aeronautics Board, April 17, 1957, https://lessonslearned.faa.gov/UAL718/CAB_accident_report.pdf.

6. Federal Aviation Act, Public Law 85-726, 85th Cong., 1958, https://www.govinfo.gov/content/pkg/STATUTE-72/pdf/STATUTE-72-Pg731.pdf.

7. *ISO/TS 15066:2016 Robots and Robotic Devices.*

8. *Produktion* 2017 13, March 2017, https://www.produktion.de/abonnement/heftarchiv.html?page=10.

9. *World Robotics Report 2017* (Frankfurt: International Federation of Robotics, 2017).

10. "Smarter, Smaller, Safer Robots."

11. *World Robotics Report 2017.*

12. John Harding, Gregory Powell, Rebecca Yoon, Joshua Fikentscher, Charlene Doyle, Dana Sade, Mike Lukuc, Jim Simons, and Jing Wang, *Vehicle-to-Vehicle Communications: Readiness of V2V Technology for Application*, Report No. DOT HS 812 014 (Washington, DC: National Highway Traffic Safety Administration, August 2014), http://www.nhtsa.gov/staticfiles/rulemaking/pdf/V2V/Readiness-of-V2V-Technology-for-Application-812014.pdf.

13. Sarah Keren, Avigdor Gal, and Erez Karpas, "Goal Recognition Design," in *Twenty-Fourth International Conference on Automated Planning and Scheduling*, Portsmouth, NH, 2014.

第 9 章

1. *Highway Accident Report: Collision Between a Car Operating with Automated Vehicle Control Systems and a Tractor-Semitrailer Truck Near Williston, Florida, May 7, 2016*, NTSB/HAR-17/02 (Washington, DC: National Transportation Safety Board, 2017), https://www.ntsb.gov/investigations/AccidentReports/Reports/HAR1702.pdf.

2. Charles Fleming, "Tesla Car Mangled in Fatal Crash Was on Autopilot and Speeding, NTSB Says," *Los Angeles Times*, July 26, 2016, https://www.latimes.com/business/autos/la-fi-hy-autopilot-photo-20160726-snap-story.html.

3. Fred Lambert, "Understanding the Fatal Tesla Accident on Autopilot and the NHTSA Probe," *Electrek*, July 1, 2016.

4. "Autonomous Vehicle Disengagement Reports 2017," State of California Department of Motor Vehicles, https://www.dmv.ca.gov/portal/dmv/detail/vr/autonomous/disengagement_report_2017.

5. Federal Aviation Act, Public Law 85-726, 85th Congress, 1958, https://www.govinfo.gov/content/pkg/STATUTE-72/pdf/STATUTE-72-Pg731.pdf; US

参 考 文 献

Congress, Senate, Subcommittee on Aviation of the Committee on Interstate and Foreign Commerce, Federal Aviation Agency Act: Hearings Before the Subcommittee on Aviation of the Committee on Interstate and Foreign Commerce, 85th Congress, 2nd sess., 1958.

6. Bobbie R. Allen, Flight Safety Foundation International Air Safety Seminar, Madrid, 1966.

7. NASA, *Aviation Safety Reporting System*, July 2019, https://asrs.arc.nasa .gov/docs/ASRS_ProgramBriefing.pdf.

8. "Aviation Safety Reporting System," NASA, https://asrs.arc.nasa.gov.

9. US Congress, House of Representatives, Subcommittee of the Committee on Government Operations, *FAA Aviation Safety Reporting System: Hearing Before a Subcommittee of the Committee on Government Operations*, 96th Cong., 1st sess., 1979.

10. NASA, *Aviation Safety Reporting System*.

11. *ASRS Database Report Set: Wake Turbulence Encounters* (Moffatt Field, NASA Ames Research Center, 2018), https://asrs.arc.nasa.gov/docs/rpsts /waketurb.pdf.

12. "Program Summary," Confidential Close Call Reporting System (C3RS), NASA, https://c3rs.arc.nasa.gov/information/summary.html.

13. George Dyson, *Darwin Among the Machines* (New York: Basic Books, 2012).

14. Jeffrey C. Mogul, "Emergent (Mis)Behavior vs. Complex Software Systems," *ACM SIGOPS Operating Systems Review* 40, no. 4 (January 2006): 293, https://doi.org/10.1145/1218063.1217964.

15. Hans Van Vliet, *Software Engineering: Principles and Practice* (Chichester, West Sussex, UK: John Wiley and Sons, 2008).

16. Jeffrey Mahler, Jacky Liang, Sherdil Niyaz, Michael Laskey, Richard Doan, Xinyu Liu, Juan Aparicio, and Ken Goldberg, "Dex-Net 2.0: Deep Learning to Plan Robust Grasps with Synthetic Point Clouds and Analytic Grasp Metrics," in *Robotics: Science and Systems* 13 (December 2017), https://doi.org/10.15607 /rss.2017.xiii.058.

17. Jonathan Tremblay, Thang To, Artem Molchanov, Stephen Tyree, Jan Kautz, and Stan Birchfield, "Synthetically Trained Neural Networks for Learning Human-Readable Plans from Real-World Demonstrations," in *2018 IEEE International Conference on Robotics and Automation (ICRA)*, Brisbane, 2018, https:// doi.org/10.1109/icra.2018.8460642.

18. Michele Banko and Eric Brill, "Scaling to Very Very Large Corpora for Natural Language Disambiguation," *ACL 01: Proceedings of the 39th Annual Meeting on Association for Computational Linguistics* (New York: ACM, 2001), 26–33, https://doi.org/10.3115/1073012.1073017.

19. Xavier Amatriain, "In Machine Learning, What Is Better: More Data or Better Algorithms?," *KDnuggets*, June 2015, https://www.kdnuggets.com/2015/06/machine-learning-more-data-better-algorithms.html.

20. Joy Buolamwini and Timnit Gebru, "Gender Shades: Intersectional Accuracy Disparities in Commercial Gender Classification," in *2018 Conference on Fairness, Accountability and Transparency* (New York: ACM, 2018), 77–91.

21. Timnit Gebru, Jamie Morgenstern, Briana Vecchione, Jennifer Wortman Vaughan, Hanna Wallach, Hal Daumé III, and Kate Crawford, "Datasheets for Datasets," *arXiv:1803.09010* (2018).

22. Solace Shen, Hamish Tennent, Houston Claure, and Malte Jung, "My Telepresence, My Culture?," in *Proceedings of the 2018 CHI Conference on Human Factors in Computing Systems*, Montreal, 2018, 1–11, https://doi.org/10.1145/3173574.3173625.

23. "ImageNet," Stanford Vision Lab, Stanford University, Princeton University, http://www.image-net.org.

24. "NuScenes Dataset," Aptiv, https://www.nuscenes.org.

25. Jie Hu, Li Shen, and Gang Sun, "Squeeze-and-Excitation Networks," in *2018 IEEE/CVF Conference on Computer Vision and Pattern Recognition* (Piscataway, NJ: IEEE, 2018), 7132–7141, https://doi.org/10.1109/cvpr.2018.00745.

26. NASA, *Aviation Safety Reporting System*; "Status Report and FY05 Funding Impacts," Meeting Minutes for a Briefing to the Aviation Safety Reporting System Subcommittee, NASA, November 3, 2004, https://www.hq.nasa.gov/office/aero/advisors/asrss/11_03_04/funding.htm.